somos link #

en DIGITAL

Licencia de **activación**

www.somoslink.com

Sigue estos 5 sencillos pasos y podrás disponer de tu libro digital

#somos link en DIGITAL

1. Visita **www.somoslink.com**, haz click en **#somosdigital** y accederás al Quiosco Edelvives.
2. Pincha en **Licencia** y después en **Crear Cuenta.**
3. Regístrate introduciendo los datos que el sistema te solicita.
4. Introduce la **Licencia de activación.**
5. Accede a tu libro digital pinchando en **Mis Apps.**

Licencia de activación:

Matemáticas Académicas 3º E.S.O.

fTigvIA

Para acceder al libro digital desde tu tableta puedes descárgate la aplicación

Edelvives_texto E_ disponible en los diferentes *stores*:

Descárgalo en el App Store si es iPad.

Android app on Google play si es Android.

Disponible en Windows Store si es Windows.

Y, si lo deseas, desde el Quiosco Edelvives, podrás disponer de la versión *offline* para ordenador.

¿Necesitas **ayuda**?

Elige el camino:

- Contacta con *Soporte técnico de libros digitales* a través de la página **www.edelvives.es**
- Escribe un correo a **digital@grupoedelvives.com**
- Llama al **902 40 80 61.**

www.somoslink.com

EDELVIVES

ESO 3

Matemáticas Orientadas a las Enseñanzas Académicas

VOLUMEN 1

AUTORES
José Manuel Ocaña Fernández
Rosana Romero Torralba
Damaris Mejía Sánchez-Bermejo

TRABAJO COOPERATIVO
Pere Pujolàs

FLIPPED CLASSROOM
The Flipped Classroom SL
Raúl Santiago Campión (Coordinador)

PROYECTO PBL
Rafaela Gallardo Madueño
José Antonio Muriel Zafra

EMPRENDIMIENTO
César García-Rincón de Castro
Jerónimo García Ugarte

REVISORA TÉCNICA
Susana Lorenzo Ballestero

El 0,7 % de la venta de este libro se destina a proyectos de desarrollo de la ONGD SED (www.sed-ongd.org).

EDELVIVES ESO

ASÍ ES ESTE LIBRO

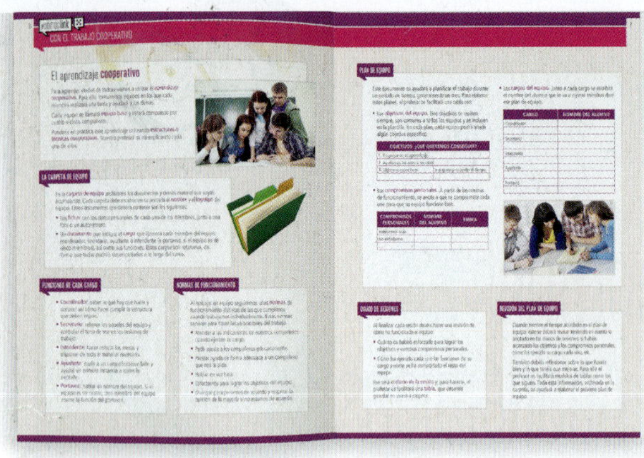

#SOMOSLINK CON EL TRABAJO COOPERATIVO

Pautas fundamentales para **estructurar** y **organizar la clase** de **forma cooperativa:** cómo se forman los grupos, qué papel tendrá cada alumno, qué dinámicas se seguirán, qué tipo de documentación habrá que manejar...

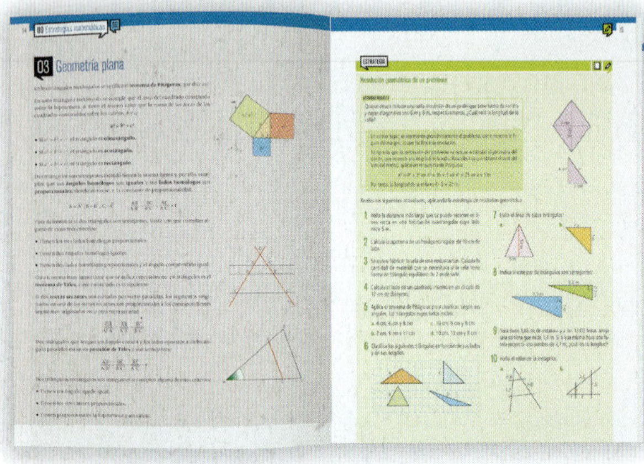

UNIDAD 0

Las **estrategias matemáticas** como punto de partida para el trabajo de esta asignatura.

PRESENTACIÓN DE LA UNIDAD

Varias **imágenes**, que adelantan el contenido de la unidad, acompañadas de **preguntas** de tipología variada para propiciar el diálogo y el autoaprendizaje.

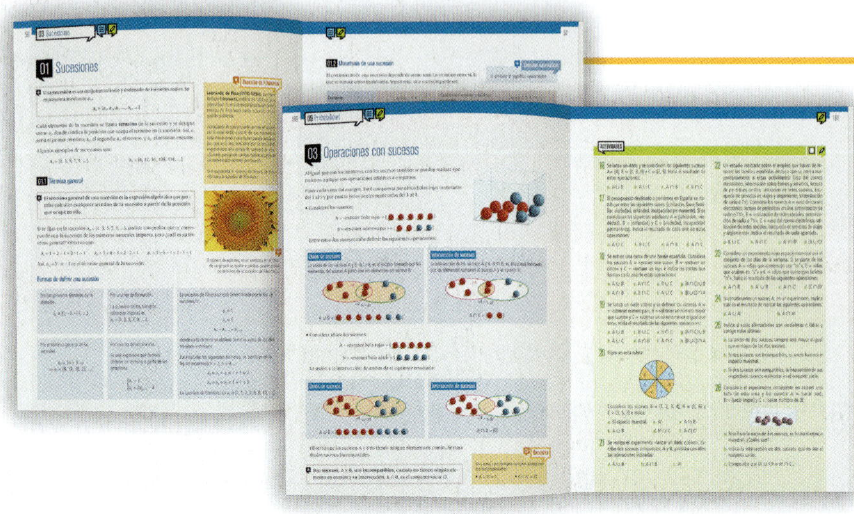

DESARROLLO DE LOS CONTENIDOS

Presentación visual y motivadora de los contenidos, separados claramente de las actividades.

Incluye **actividades resueltas**, paso a paso, que refuerzan los contenidos.

Actividades de tipología variada (investigación, razonamiento, uso de programas informáticos, etc.).

SECCIONES PROCEDIMENTALES

- **Herramientas tecnológicas:** pautas, paso a paso, para utilizar diversos **programas informáticos** (GeoGebra, Wiris, Excel, etc.) que permitirán comprobar las soluciones de las actividades.

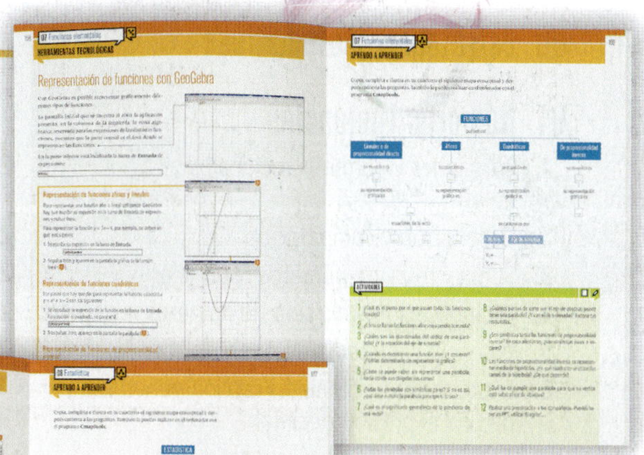

- **Aprendo a aprender:** organizadores visuales, que sintetizan los contenidos de la unidad, acompañados de actividades.

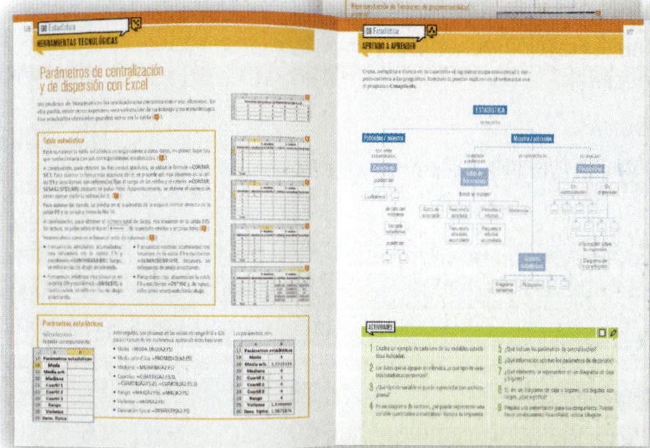

REPASO FINAL Y EVALUACIÓN

Actividades de recapitulación, identificadas según el grado de dificultad y organizadas según los epígrafes de la unidad.

⊕ Actividades de dificultad intermedia.

⊕⊕ Actividades de dificultad alta.

Evaluación tipo test para comprobar lo aprendido.

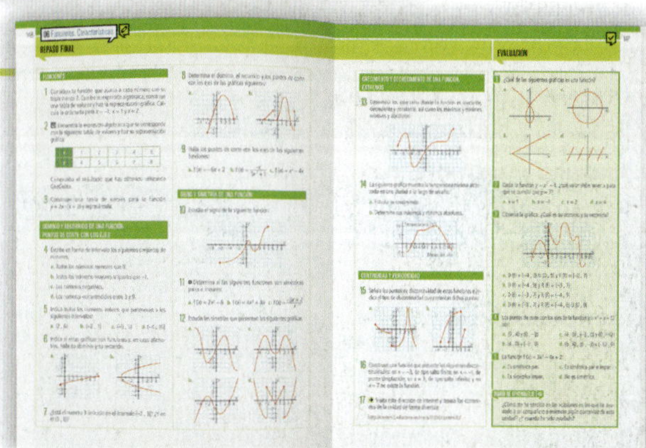

#SOMOSLINK CON LA INNOVACIÓN Y CON PISA

Propuestas de ***flipped classroom*,** **PBL** y evaluación del **talento emprendedor.**

Actividades basadas en pruebas **PISA,** o bien similares, con el fin de ayudar a la preparación de la evaluación final de secundaria.

Diario de aprendizaje

Pregunta para la reflexión del alumno sobre su proceso de aprendizaje.

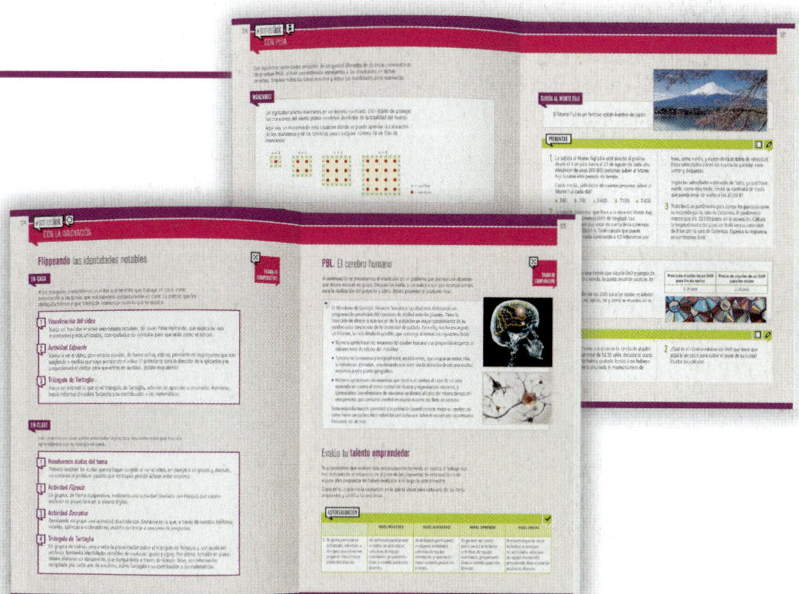

VOLUMEN 1

VOLUMEN 2

El aprendizaje **cooperativo**

Para aprender «todos de todos» vamos a utilizar el aprendizaje cooperativo. Para ello, formaremos equipos en los que cada miembro realizará una tarea y ayudará a los demás.

Cada equipo se llamará equipo base y estará compuesto por cuatro o cinco compañeros.

Pondréis en práctica este aprendizaje utilizando estructuras o técnicas cooperativas. Vuestro profesor os irá explicando cada una de ellas.

LA CARPETA DE EQUIPO

En la carpeta de equipo archivaréis los documentos y demás material que vayáis acumulando. Cada carpeta debe mostrar en su portada el nombre y el logotipo del equipo. Otros documentos que deberá contener son los siguientes:

- Las fichas con los datos personales de cada uno de los miembros, junto a una foto o un autorretrato.
- Un documento que indique el cargo que ejercerá cada miembro del equipo: coordinador, secretario, ayudante o intendente (o portavoz, si el equipo es de cinco miembros), así como sus funciones. Estos cargos son rotatorios, de forma que todos podréis desempeñarlos a lo largo del curso.

FUNCIONES DE CADA CARGO

- Coordinador: saber lo que hay que hacer y conocer así cómo hacer cumplir la estructura que deben seguir.
- Secretario: rellenar los papeles del equipo y controlar el tono de voz en las sesiones de trabajo.
- Intendente: hacer colocar las mesas y disponer de todo el material necesario.
- Ayudante: suplir a un compañero que falte y ayudar en primera instancia a quien lo necesite.
- Portavoz: hablar en nombre del equipo. Si el equipo es de cuatro, otro miembro del equipo asume la función del portavoz.

NORMAS DE FUNCIONAMIENTO

Al trabajar en equipo seguiremos unas normas de funcionamiento distintas de las que cumplimos cuando trabajamos individualmente. Estas normas servirán para hacer las valoraciones del trabajo.

- Atender a las indicaciones de nuestros compañeros cuando ejercen su cargo.
- Pedir ayuda a los compañeros educadamente.
- Prestar ayuda de forma adecuada a un compañero que nos la pida.
- Hablar en voz baja.
- Esforzarnos para lograr los objetivos del equipo.
- Dialogar para ponernos de acuerdo y respetar la opinión de la mayoría si no estamos de acuerdo.

PLAN DE EQUIPO

Este documento os ayudará a planificar el trabajo durante un periodo de tiempo, generalmente un mes. Para elaborar estos planes, el profesor os facilitará una tabla con:

- Los objetivos del equipo. Dos objetivos se repiten siempre, son comunes a todos los equipos y se incluyen en la plantilla. En cada plan, cada equipo podrá añadir algún objetivo específico.

OBJETIVOS: ¿QUÉ QUEREMOS CONSEGUIR?	
1. Progresar en el aprendizaje.	
2. Ayudarnos los unos a los otros.	
3. Objetivos específicos	Ir al grano y no perder el tiempo.
	...

- Los compromisos personales. A partir de las normas de funcionamiento, se anota a qué se compromete cada uno para que su equipo funcione bien.

COMPROMISOS PERSONALES	NOMBRE DEL ALUMNO	FIRMA
Hablar más bajo.		
No enfadarme.		
...		

- Los cargos del equipo. Junto a cada cargo se escribirá el nombre del alumno que lo va a ejercer mientras dure ese plan de equipo.

CARGO	NOMBRE DEL ALUMNO
Coordinador	
Secretario	
Intendente	
Ayudante	
Portavoz	

DIARIO DE SESIONES

Al finalizar cada sesión debéis hacer una revisión de cómo ha funcionado el equipo:

- Cuánto os habéis esforzado para lograr los objetivos y vuestros compromisos personales.
- Cómo ha ejercido cada uno las funciones de su cargo y cómo se ha comportado el resto del equipo.

Ese será el diario de la sesión y, para hacerlo, el profesor os facilitará una tabla, que deberéis guardar en vuestra carpeta.

REVISIÓN DEL PLAN DE EQUIPO

Cuando termine el tiempo acordado en el plan de equipo, este se deberá revisar teniendo en cuenta lo anotado en los diarios de sesiones: si habéis alcanzado los objetivos y los compromisos personales, cómo ha ejercido su cargo cada uno, etc.

También debéis reflexionar sobre lo que hacéis bien y lo que tenéis que mejorar. Para ello el profesor os facilitará modelos de tablas como los que siguen. Toda esta información, archivada en la carpeta, os ayudará a elaborar el próximo plan de equipo.

MODELO DE RÚBRICA

Evaluación individual de la competencia «trabajo en equipo»

La rúbrica que tenéis a continuación os ayudará a comprobar hasta qué punto habéis conseguido los objetivos, cómo habéis ejercido las funciones de cada cargo y cómo se ha comportado el resto del equipo cuando un compañero ejercía su cargo, y hasta qué punto ha cumplido cada uno su compromiso personal.

Esta rúbrica, junto con otras que os proporcionará el profesor, os ayudará a identificar la puntuación que más se ajusta a la realidad de lo que está pasando o ha pasado.

OBJETIVOS	4	3	2	1	PUNTUACIÓN
1. Progresar en el aprendizaje	Ha estado siempre muy atento y concentrado en la tarea cuando hemos trabajado en equipo.	Algunas veces (1/3) no ha estado muy atento y concentrado en la tarea cuando hemos trabajado en equipo.	Pocas veces (1/3) ha estado suficientemente atento y concentrado en la tarea cuando hemos trabajado en equipo.	Nunca o casi nunca ha estado atento y concentrado en la tarea cuando hemos trabajado en equipo.	
	Ha progresado en el aprendizaje en todas las unidades, o en la mayoría (en la autoevaluación final de las diferentes unidades siempre, o casi siempre, ha tenido una puntuación más alta que la del inicio).	En unas cuantas unidades (1/3) no ha progresado en el aprendizaje (en la autoevaluación final de las diferentes unidades unas cuantas veces –1/3– no ha tenido una puntuación más alta que la del inicio).	En pocas unidades (1/3) ha progresado en el aprendizaje (en la autoevaluación final de las diferentes unidades pocas veces–1/3– ha tenido una puntuación más alta que la del inicio).	En ninguna o en casi ninguna unidad ha progresado en el aprendizaje (en la autoevaluación final de las diferentes unidades nunca o casi nunca ha tenido una puntuación más alta que la del inicio).	
2. Ayudarnos unos a otros	Cuando ha sido necesario, siempre ha pedido ayuda y la ha agradecido con mucha corrección.	Algunas veces, si ha necesitado ayuda, la ha pedido o la ha agradecido de una forma no suficientemente correcta.	Bastantes veces, si ha necesitado ayuda, la ha pedido o la ha agradecido de una forma no suficientemente correcta.	Nunca o casi nunca, si ha necesitado ayuda, la ha pedido o la ha agradecido de una forma suficientemente correcta.	
	Siempre que se la han pedido, ha dado ayuda a un compañero o compañera de forma correcta (explicándole cómo debía hacer algo, no dejándoselo copiar).	Algunas veces, si se la han pedido, ha prestado ayuda a un compañero de manera no suficientemente correcta (dejándole copiar algo, no explicándoselo).	Bastantes veces, si se la han pedido, ha prestado ayuda a un compañero de manera no suficientemente correcta (dejándole copiar algo, no explicándoselo).	Nunca o casi nunca, si se la han pedido, ha prestado ayuda a un compañero de manera suficientemente correcta (dejándole copiar algo, no explicándoselo).	
3. Objetivo específico	Lo ha conseguido en gran medida... Lo ha tenido siempre muy en cuenta...	Algunas veces no lo ha conseguido... Algunas veces no lo ha tenido en cuenta...	Pocas veces lo ha conseguido... Pocas veces lo ha tenido en cuenta...	Nunca o casi nunca lo ha conseguido... Nunca o casi nunca lo ha tenido en cuenta...	

COMPROMISOS	4	3	2	1	PUNTUACIÓN
Compromiso X	Ha cumplido en gran medida este compromiso personal.	Ha cumplido bastante bien este compromiso personal.	Ha cumplido no suficientemente bien este compromiso personal.	Ha cumplido muy poco o nada este compromiso personal.	

OBJETIVOS	4	3	2	1	PUNTUACIÓN
Coordinador	Sabía muy bien lo que teníamos que hacer y ha coordinado muy bien el trabajo, haciendo seguir los pasos de la estructura propuesta.	Sabía bastante bien lo que teníamos que hacer y ha coordinado bastante bien el trabajo haciendo seguir los pasos de la estructura propuesta.	No sabía bien lo que teníamos que hacer o no ha hecho seguir suficientemente bien los pasos de la estructura propuesta.	No sabía lo que teníamos que hacer, o no ha hecho seguir los pasos de la estructura propuesta.	
Secretario	Ha controlado muy bien el tono de voz durante la sesión de trabajo y ha cumplido muy bien las demás funciones suyas.	Ha controlado bastante bien el tono de voz durante la sesión de trabajo y ha hecho bastante bien las demás funciones suyas.	Ha controlado no suficientemente bien el tono de voz durante la sesión de trabajo ha realizado no suficientemente bien las demás funciones suyas.	Ha controlado muy poco o nada el tono de voz durante la sesión de trabajo o ha hecho muy poco o nada bien las demás funciones suyas.	
Ayudante	Ha sustituido muy bien en su cargo a un compañero que ha faltado a clase, y ha ayudado de forma muy correcta a quien lo ha necesitado.	Ha sustituido bastante bien en su cargo a un compañero que ha faltado a clase, o ha ayudado de forma bastante correcta a quien lo ha necesitado.	Ha sustituido no suficientemente bien en su cargo a un compañero que ha faltado a clase, o ha ayudado de forma no del todo correcta a quien lo ha necesitado.	Ha sustituido muy poco o nada bien en su cargo a un compañero que ha faltado a clase, o ha ayudado de forma muy poco o nada correcta a quien lo ha necesitado.	
Intendente	Se ha responsabilizado muy bien de que todos trajeran el material y de que cuidaran el material común y, si ha sido necesario, de colocar las mesas para trabajar en equipo.	Se ha responsabilizado bastante bien de que todos trajeran el material y de que cuidaran el material común y, si ha sido necesario, de colocar las mesas para trabajar en equipo.	Se ha responsabilizado poco de que todos trajeran el material y de que cuidaran el material común y, si ha sido necesario, de colocar las mesas para trabajar en equipo.	Se ha responsabilizado muy poco o nada de que todos trajeran el material y de que cuidaran el material común y, si ha sido necesario, de colocar las mesas para trabajar en equipo.	
Portavoz	Sabía muy bien lo que tenía que decir y lo ha dicho muy bien.	Sabía bastante bien lo que tenía que decir y lo ha dicho bastante bien.	No sabía lo que tenía que decir ni lo ha dicho suficientemente bien.	Sabía muy poco o nada bien lo que tenía que decir y lo ha dicho muy poco o nada bien.	

EVALUACIÓN INDIVIDUAL DEL TRABAJO EN EQUIPO. RESUMEN	
Puntuación total del apartado OBJETIVOS (a):	
Puntuación total del apartado CARGOS (b):	
Puntuación total del apartado COMPROMISOS PERSONALES (c):	
Puntuación TOTAL de la rúbrica (a+b+c) (1):	
Número de casillas puntuadas en los tres apartados (2)	
PUNTUACIÓN OBTENIDA (sobre 10): (1) / [(2) · 3] · 10 =	

U0 ESTRATEGIAS MATEMÁTICAS

01 Fracciones y decimales

Dos **fracciones,** $\frac{a}{b}$ y $\frac{c}{d}$, son **equivalentes** si se verifica que $a \cdot d = b \cdot c$.

Por ejemplo, $\frac{6}{18}$ y $\frac{3}{9}$ son equivalentes, ya que $6 \cdot 9 = 18 \cdot 3 \Rightarrow 54 = 54$.

Reducir a común denominador varias fracciones consiste en obtener fracciones equivalentes a todas ellas que tengan el mismo denominador.

Suma o **resta** de fracciones:

- Si las fracciones tienen el mismo denominador, se suman o restan los numeradores y se mantiene el mismo denominador.
- Si las fracciones tienen distinto denominador, se reducen a común denominador y, luego, se suman o restan los numeradores:

$$\frac{7}{2} - \frac{1}{5} + \frac{3}{4} = \frac{70}{20} - \frac{4}{20} + \frac{15}{20} = \frac{70 - 4 + 15}{20} = \frac{81}{20}$$

Multiplicación de fracciones: $\frac{a}{b} \cdot \frac{c}{d} = \frac{a \cdot c}{b \cdot d} \Rightarrow \frac{3}{5} \cdot \frac{2}{7} = \frac{3 \cdot 2}{5 \cdot 7} = \frac{6}{35}$

División de fracciones: $\frac{a}{b} : \frac{c}{d} = \frac{a}{b} \cdot \frac{d}{c} = \frac{a \cdot d}{b \cdot c} \Rightarrow \frac{4}{3} : \frac{5}{2} = \frac{4 \cdot 2}{3 \cdot 5} = \frac{8}{15}$

Potencia de una fracción: $\left(\frac{a}{b}\right)^n = \frac{a^n}{b^n} \Rightarrow \left(\frac{2}{3}\right)^4 = \frac{2^4}{3^4} = \frac{16}{81}$

Raíz de una fracción: $\sqrt{\frac{a}{b}} = \pm\frac{\sqrt{a}}{\sqrt{b}} \Rightarrow \sqrt{\frac{4}{9}} = \pm\frac{\sqrt{4}}{\sqrt{9}} = \pm\frac{2}{3}$

Clasificación de los números decimales

NÚMERO DECIMAL EXACTO	NÚMERO DECIMAL PERIÓDICO		NÚMERO DECIMAL NO EXACTO NI PERIÓDICO
	Periódico puro	Periódico mixto	
Tiene un número finito de cifras decimales.	Tiene un número infinito de cifras decimales que se repiten inmediatamente después de la coma.	Tiene un número infinito de cifras decimales que se repiten, pero no inmediatamente después de la coma.	Tiene un número infinito de cifras decimales no periódicas.
4,127	$2{,}888\ldots = 2{,}\widehat{8}$	$0{,}51999\ldots = 0{,}51\widehat{9}$	$\pi = 3{,}141\,592\ldots$

Recuerda

El **mínimo común múltiplo,** m.c.m., de varios números es el menor de sus múltiplos comunes. Para calcularlo, se factorizan los números y se multiplican los factores comunes y no comunes elevados al mayor exponente.

Jerarquía de las operaciones

Para realizar varias operaciones aritméticas, es preciso seguir este orden:

1. Paréntesis y corchetes.
2. Potencias y raíces.
3. Multiplicaciones y divisiones.
4. Sumas y restas.

Propiedades de las potencias

$a^n \cdot a^m = a^{n+m}$	$2^3 \cdot 2^5 = 2^8$
$a^n : a^m = a^{n-m}$	$3^6 : 3^2 = 3^4$
$(a \cdot b)^n = a^n \cdot b^n$	$(2 \cdot 5)^3 = 2^3 \cdot 5^3$
$(a : b)^n = a^n : b^n$	$(8 : 2)^8 = 8^8 : 2^8$
$(a^n)^m = a^{n \cdot m}$	$(7^2)^3 = 7^6$
$a^1 = a$	$4^1 = 4$
$a^0 = 1$	$3^0 = 1$

Recuerda

Para obtener la expresión decimal de una fracción, realizamos la división entre el numerador y el denominador de la misma.

Los números decimales no exactos ni periódicos no se pueden obtener como la división entre el numerador y denominador de ninguna fracción.

ESTRATEGIA

Empieza por el final

ACTIVIDAD RESUELTA

Daniel quiere arreglar su jardín. El primer día planta $\frac{1}{3}$ del jardín con rosas. El segundo día cultiva margaritas en $\frac{2}{5}$ de lo que le quedaba sin plantar, y el tercer día planta geranios en $\frac{1}{6}$ del resto del jardín. Si aún le quedan 10 m^2 de terreno sin cultivar, ¿cuántos metros cuadrados tiene su jardín?

- La última información que da el enunciado es que le quedan 10 m^2 sin plantar.
- En el tercer paso se enuncia que el tercer día cultiva geranios en $\frac{1}{6}$ del resto del jardín. Por lo tanto, los $\frac{5}{6}$ restantes del jardín son los 10 m^2 que le quedan sin plantar:

  $\frac{5}{6}$ del resto $= 10\ m^2 \rightarrow \frac{1}{6}$ del resto $= 2\ m^2 \rightarrow$ el resto del jardín $= \frac{6}{6}$ es 12 m^2

- En el segundo paso se afirma que el segundo día cultiva margaritas en $\frac{2}{5}$ de lo que le quedaba sin plantar. Por lo tanto, le quedan sin plantar $\frac{3}{5}$ del resto del jardín, que son los 12 m^2 calculados en el paso anterior. De este modo:

  $\frac{3}{5}$ del resto $= 12\ m^2 \rightarrow \frac{1}{5}$ del resto $= 4\ m^2 \rightarrow$ el resto del jardín $= \frac{5}{5}$ es 20 m^2

- En el primer paso nos dicen que el primer día planta $\frac{1}{3}$ del jardín con rosas. En consecuencia, le quedan sin plantar $\frac{2}{3}$ del jardín, que son los 20 m^2 calculados en el paso anterior. Por tanto:

  $\frac{2}{3}$ del resto $= 20\ m^2 \rightarrow \frac{1}{3}$ del resto $= 10\ m^2 \rightarrow$ el total del jardín $= \frac{3}{3}$ es 30 m^2

Cabe concluir, así, que el jardín de Daniel tiene 30 m^2.

Realiza las siguientes actividades, aplicando la estrategia de empezar por el final:

1 Eva reparte su colección de cromos de fútbol entre sus dos hermanos pequeños. Al primero le entrega la mitad de su colección, y al segundo, las tres cuartas partes del resto de la colección. Si todavía le quedan 16 cromos sin repartir:

a. ¿Cuántos cromos tiene la colección de Eva?

b. ¿Cuántos cromos le entregó a cada uno de sus hermanos?

2 Este verano, Ricardo ha pasado los $\frac{2}{7}$ de sus vacaciones en la playa, los $\frac{3}{4}$ de los días que le quedaban en el pueblo y los $\frac{3}{5}$ del resto de días en la montaña. Si al final aún le quedan 2 días, ¿de cuántas vacaciones ha disfrutado en total este verano?

02 Funciones

Una **función** es una correspondencia entre dos variables, *x* e *y*, de forma que a cada valor de la variable independiente, *x*, le corresponde un único valor de la variable dependiente, *y*. Una función puede indicarse mediante un enunciado, una expresión algebraica, una tabla de valores o una gráfica.

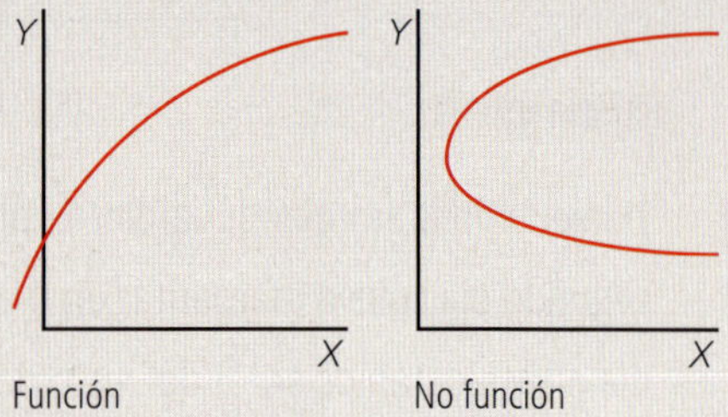

Función · No función

Características de una función

Algunas de las características más importantes de una función son:

- **Dominio y recorrido**

El dominio de una función, f (*x*), es el conjunto de valores que toma la variable independiente, *x*. El **recorrido** o **imagen** de una función, f (*x*), es el conjunto de valores que toma la variable dependiente, *y*.

- **Puntos de corte**

Los **puntos de corte con los ejes** de una función son los puntos de intersección de la gráfica de la función con los ejes de coordenadas.

- **Continuidad**

Una función es **continua** si su gráfica se puede dibujar de un solo trazo, sin levantar el lápiz del papel. En caso contrario, la función es discontinua.

- **Crecimiento**

Una función es **creciente** si, al aumentar el valor de la variable independiente, *x*, aumenta el valor de la función. Una función es **decreciente** si, al aumentar el valor de la variable independiente, *x*, disminuye el valor de la función. Una función es **constante** si, al aumentar el valor de la variable independiente, *x*, la función no crece ni decrece.

- **Máximos y mínimos**

Un punto es un **máximo relativo** de una función si en dicho punto la función pasa de ser creciente a decreciente. Un punto es un **mínimo relativo** de una función si en dicho punto la función pasa de ser decreciente a creciente.

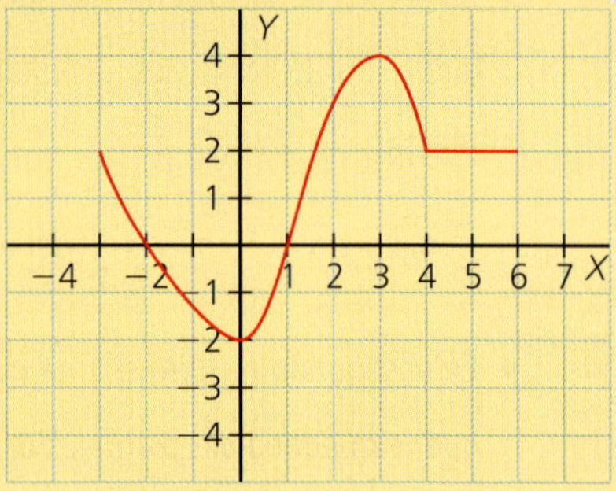

- El dominio de la función es el intervalo [−3 , 6].
- El recorrido de la función es el intervalo [−2 , 4].
- Los puntos de corte con los ejes son:
  - Con el eje *X*: (−2 , 0) y (1 , 0)
  - Con el eje *Y*: (0 , −2)
- La función es continua en todo su dominio.
- La función es creciente en el intervalo (0 , 3), decreciente en los intervalos (−3 , 0) y (3 , 4) y constante en el intervalo (4 , 6).
- La función alcanza un máximo relativo en el punto (3 , 4) y un mínimo relativo en el punto (0 , −2).

Funciones lineales

- Una **función lineal** es una función cuya expresión algebraica es de la forma $y = mx$, donde $m \neq 0$. Su representación gráfica es una recta que pasa por el origen de coordenadas, y *m* es la **pendiente** de la recta. (a)
- Una **función afín** es una función cuya expresión algebraica es de la forma $y = mx + n$. Su gráfica es una recta donde *m* es la **pendiente** de la recta, y *n* es la **ordenada en el origen,** es decir, es el valor de la *y* cuando la $x = 0$. (b)
- Una **función constante** es una función cuya expresión algebraica es de la forma $y = n$. Su representación gráfica es una recta paralela al eje *X*. (c)

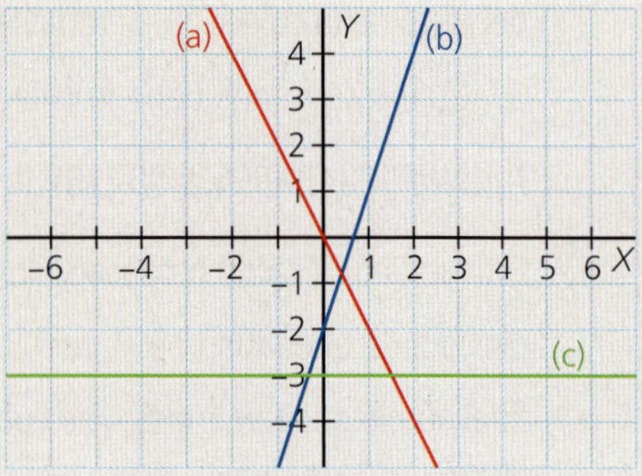

ESTRATEGIA

Interpretar y representar gráficamente los datos de una función

ACTIVIDAD RESUELTA

¿Es posible plasmar gráficamente de manera única una función continua representada mediante rectas que tenga las siguientes características: su dominio es [–4 , 6]; su recorrido es [–3 , 3]; empieza en el punto (–4 , –2) y acaba en el punto (6 , 2); corta a los ejes en los puntos (–3 , 0), (1 , 0), (5 , 0) y (0 , 2); es creciente en (–4 , –1) y en (3 , 6) y decreciente en (–1 , 3); tiene un único máximo relativo en (–1 , 3) y un único mínimo relativo en (3 , –3)?

Paso a paso, representemos gráficamente cada uno de los datos del enunciado:

1. El dominio es [–4 , 6]; luego, la variable *x* toma valores entre –4 y 6, y el recorrido es [–3 , 3]. Por tanto, la variable *y* toma valores entre –3 y 3. Además, como la función empieza en el punto (–4 , –2) y acaba en el punto (6 , 2), su representación gráfica estará en la siguiente zona del plano:

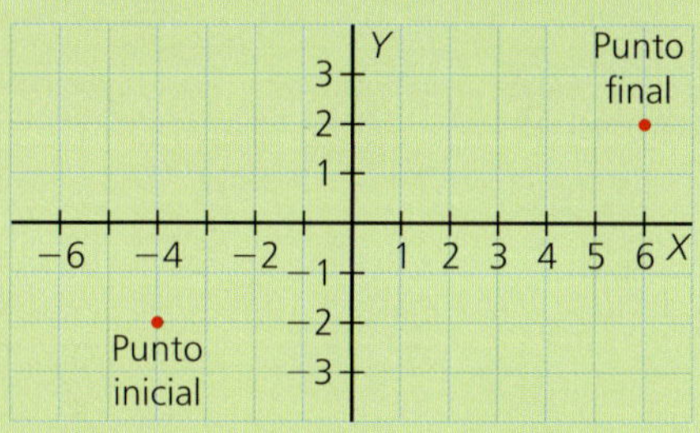

2. Se dibujan los cuatro puntos de corte con los ejes:

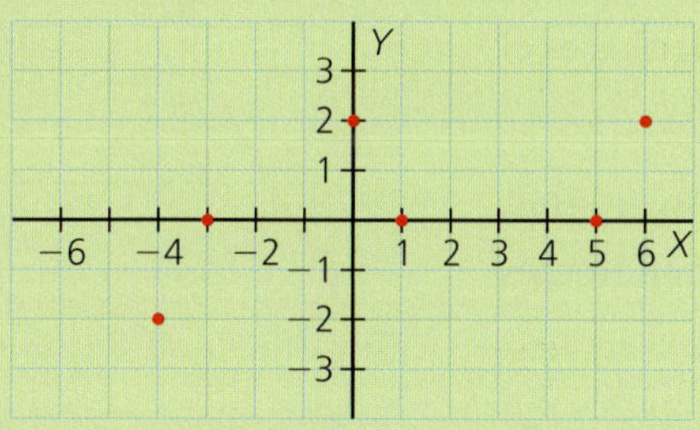

3. Se representan el máximo y el mínimo de la función:

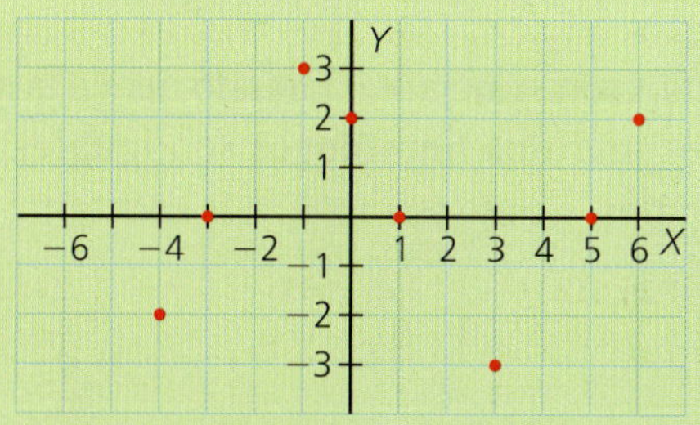

4. A continuación, se traza la función, teniendo en cuenta que es continua y está representada mediante rectas y que es creciente en (–4 , –1) y en (3 , 6) y decreciente en (–1 , 3).

Sin embargo, no es única, puesto que las siguientes funciones cumplen también todas las condiciones anteriores, aunque tienen gráficas distintas:

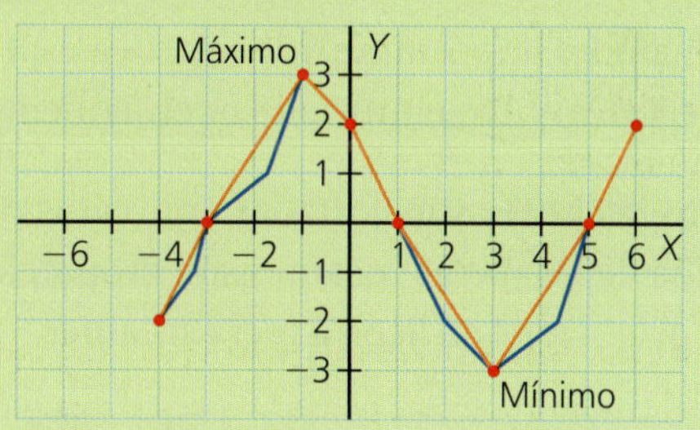

Realiza las siguientes actividades, aplicando la estrategia de interpretar y representar gráficamente los datos de una función:

1 Representa una función continua con las siguientes características:

- Dominio: [–4 , 9], recorrido: [–4 , 4]
- Puntos de corte con los ejes: (–4 , 0), (4 , 0) y (0 , –3)
- Es creciente en (–3 , –2) y (1 , 8), decreciente en (–4 , –3) y (8 , 9) y constante en (–2 , 1)
- Tiene un máximo en (8 , 4) y un mínimo en (–3 , –4)

2 ¿Existe una función continua con las siguientes características? Justifica gráficamente tu respuesta.

- Su dominio es [–5 , 3], y su recorrido, [–4 , 5]
- Tiene un máximo relativo en (1 , 5) y un mínimo relativo en (–3 , 3)
- Es creciente en (–3 , 1) y decreciente en (–5 , –3) y (1 , 3)

03 Geometría plana

En los triángulos rectángulos se verifica el **teorema de Pitágoras**, que dice así:

En todo triángulo rectángulo se cumple que el área del cuadrado construido sobre la hipotenusa, *a*, tiene el mismo valor que la suma de las áreas de los cuadrados construidos sobre los catetos, *b* y *c*:

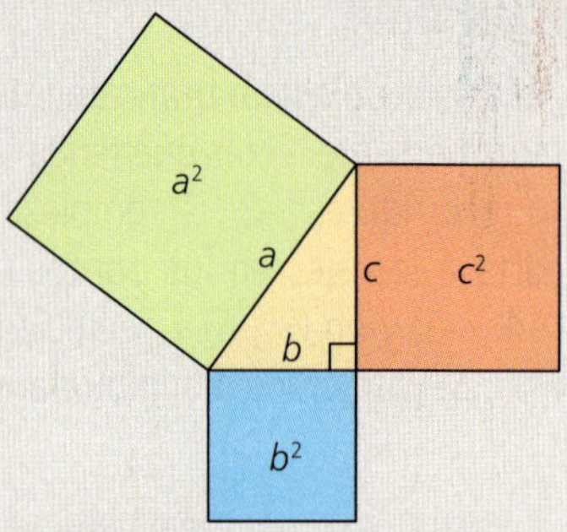

$$a^2 = b^2 + c^2$$

- Si $a^2 > b^2 + c^2$, el triángulo es **obtusángulo.**
- Si $a^2 < b^2 + c^2$, el triángulo es **acutángulo.**
- Si $a^2 = b^2 + c^2$, el triángulo es **rectángulo.**

Dos triángulos son semejantes cuando tienen la misma forma y, por ello, cumplen que sus **ángulos homólogos** son **iguales** y sus **lados homólogos** son **proporcionales,** siendo su razón, *r,* la constante de proporcionalidad.

$$A = \widehat{A'}\ ;\ B = \widehat{B'}\ ;\ C = \widehat{C'} \qquad \frac{AB}{A'B'} = \frac{BC}{B'C'} = \frac{AC}{A'C'} = r$$

Para determinar si dos triángulos son semejantes, basta con que cumplan alguno de estos tres criterios:

- Tienen los tres lados homólogos proporcionales.
- Tienen dos ángulos homólogos iguales.
- Tienen dos lados homólogos proporcionales y el ángulo comprendido igual.

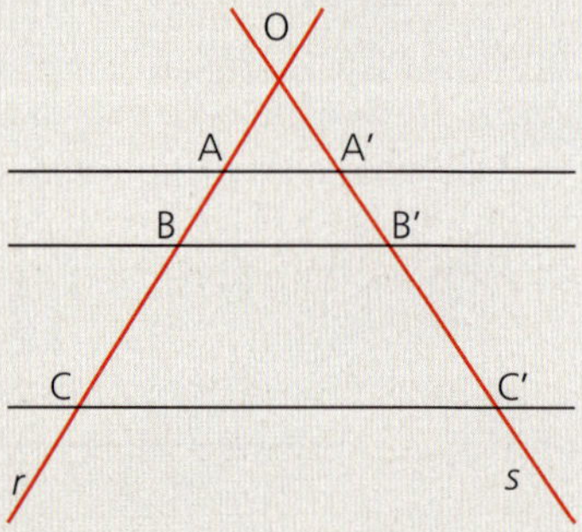

Otro teorema muy importante que se aplica especialmente en triángulos es el **teorema de Tales,** cuyo enunciado es el siguiente:

Si dos **rectas secantes** son cortadas por rectas paralelas, los segmentos originados en una de las rectas secantes son proporcionales a los correspondientes segmentos originados en la otra recta secante:

$$\frac{\overline{OA}}{\overline{O'A'}} = \frac{\overline{AB}}{\overline{A'B'}} = \frac{\overline{BC}}{\overline{B'C'}}$$

Dos triángulos que tengan un ángulo común y los lados opuestos a dicho ángulo paralelos están en **posición de Tales** y son semejantes:

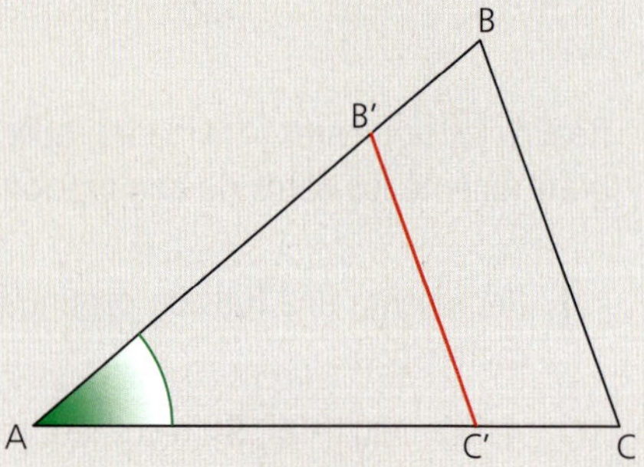

$$\frac{\overline{AB}}{\overline{A'B'}} = \frac{\overline{BC}}{\overline{B'C'}} = \frac{\overline{AC}}{\overline{A'C'}} = r$$

Dos triángulos rectángulos son semejantes si cumplen alguno de estos criterios:

- Tienen un ángulo agudo igual.
- Tienen los dos catetos proporcionales.
- Tienen proporcionales la hipotenusa y un cateto.

ESTRATEGIA

Resolución geométrica de un problema

ACTIVIDAD RESUELTA

Quique desea colocar una valla alrededor de un jardín que tiene forma de rombo y cuyas diagonales son 6 m y 8 m, respectivamente. ¿Cuál será la longitud de la valla?

En primer lugar, se representa geométricamente el problema, como muestra la figura del margen, lo que facilitará su resolución.

Se aprecia que la resolución del problema se reduce a calcular el perímetro del rombo, que equivale a la longitud de la valla. Para ello, hay que obtener el valor del lado del rombo, aplicando el teorema de Pitágoras:

$$x^2 = 4^2 + 3^2 \Rightarrow x^2 = 16 + 9 \Rightarrow x^2 = 25 \Rightarrow x = 5 \text{ m}$$

Por tanto, la longitud de la valla es $4 \cdot 5 = 20$ m.

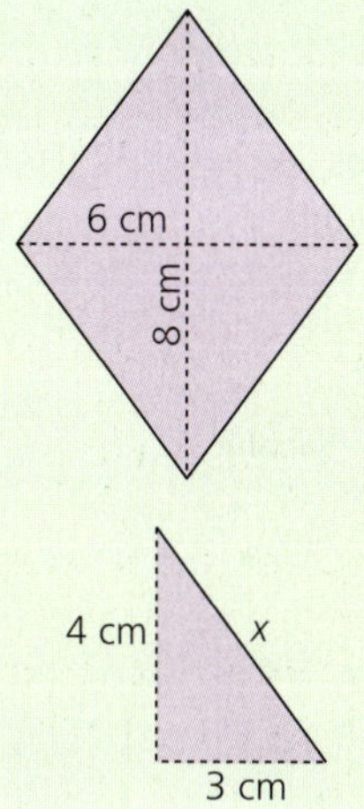

Realiza las siguientes actividades, aplicando la estrategia de resolución geométrica:

1 Halla la distancia más larga que se puede recorrer en línea recta en una habitación cuadrangular cuyo lado mide 5 m.

2 Calcula la apotema de un hexágono regular de 10 cm de lado.

3 Se quiere fabricar la vela de una embarcación. Calcula la cantidad de material que se necesitará si la vela tiene forma de triángulo equilátero de 2 m de lado.

4 Calcula el lado de un cuadrado inscrito en un círculo de 12 cm de diámetro.

5 Aplica el teorema de Pitágoras para clasificar, según sus ángulos, los triángulos cuyos lados miden:

a. 4 cm, 6 cm y 8 cm

b. 7 cm, 9 cm y 11 cm

c. 10 cm, 6 cm y 8 cm

d. 10 cm, 13 cm y 8 cm

6 Clasifica los siguientes triángulos en función de sus lados y de sus ángulos.

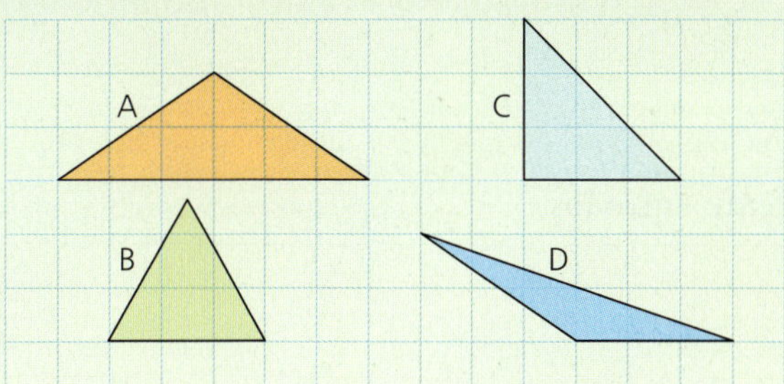

7 Halla el área de estos triángulos:

a.

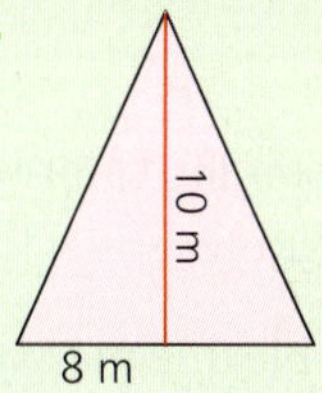

b.

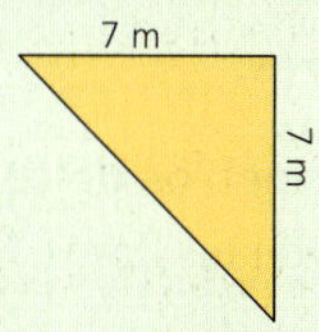

8 Indica si este par de triángulos son semejantes:

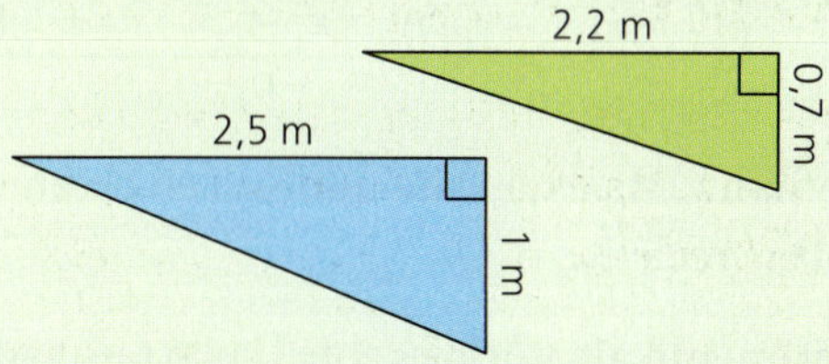

9 Sara tiene 1,68 m de estatura y a las 13:00 horas arroja una sombra que mide 1,4 m. Si a esa misma hora una farola proyecta una sombra de 3,7 m, ¿cuál es su longitud?

10 Halla el valor de la incógnita:

a.

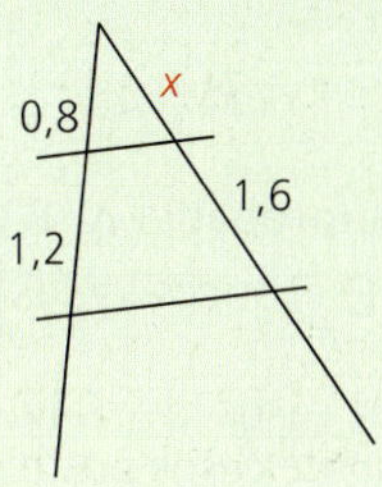

b.

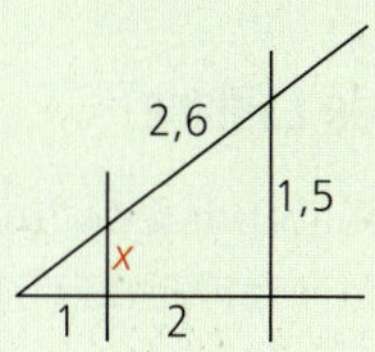

04 Estadística y probabilidad

La **estadística** recoge, organiza y analiza datos para obtener conclusiones. La información recogida se agrupa en una **tabla estadística** con las siguientes columnas:

1 **Los datos:** los valores que toma la variable.

2 **Frecuencia absoluta, n_i:** el número de veces que se repite dicho valor.

3 **Frecuencia relativa, f_i:** el cociente entre la frecuencia absoluta y el número total de datos.

4 **Porcentaje:** el resultado de multiplicar por 100 la frecuencia relativa.

1 **Variable, x_i**	2 **Frecuencia absoluta, n_i**	3 **Frecuencia relativa, $f_i = \frac{n_i}{N_i}$**	4 **Porcentaje**
Cara	10	$\frac{10}{25} = 0{,}4$	40 %
Cruz	15	$\frac{15}{25} = 0{,}6$	60 %
Total	25	1	100 %

Al sumar todas las frecuencias absolutas, se obtiene el **número total de datos**.

La suma de todas las frecuencias relativas siempre es 1.

La suma de todos los porcentajes siempre es 100.

Para representar estos datos, se utiliza un **diagrama de barras** o un **diagrama de sectores.**

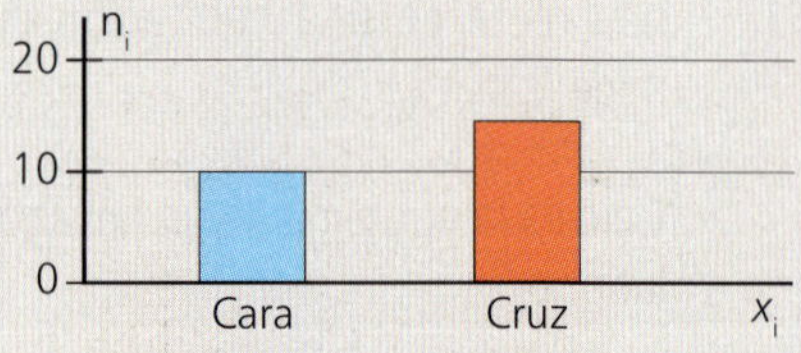

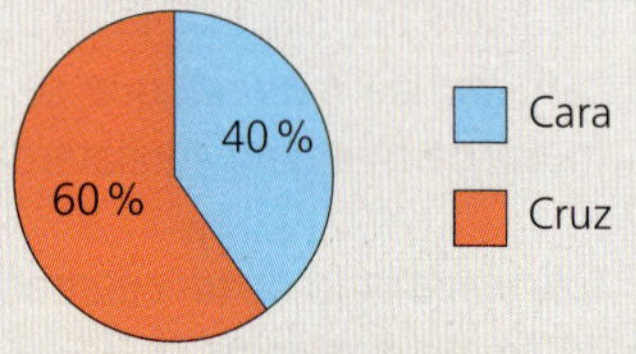

Los **parámetros de centralización** son los valores alrededor de los cuales se distribuyen los datos. Los más importantes son:

- La **moda, M_o,** es el valor de la variable que más veces se repite.
- La **media aritmética, $\bar{x}$,** es el valor central de todos los datos. Se calcula:

$$\bar{x} = \frac{x_1 \cdot n_1 + x_2 \cdot n_2 + \ldots + x_n \cdot n_n}{n_1 + n_2 + \ldots n_n} = \frac{\sum_{i=1}^{n} x_i \cdot n_i}{N}$$

- La **mediana, M_e,** es el valor que está en el centro una vez ordenados los datos en orden creciente.

La media solo existe para caracteres cuantitativos.

Un **experimento aleatorio** es aquel cuyo resultado no se puede predecir antes de realizarlo. El conjunto de todos sus posibles resultados se llama **espacio muestral.**

Por ejemplo, un experimento aleatorio sería lanzar un dado: no es posible predecir qué va a salir. Lo único que se conoce es su espacio muestral: E = {1, 2, 3, 4, 5, 6}. Cada uno de los elementos que forma el espacio muestral se denomina **suceso elemental,** que en este caso son {1}, {2}, {3}, {4}, {5}, {6}.

Regla de Laplace

La probabilidad de un suceso equiprobable A, P (A), es el cociente entre los casos favorables de que se verifique el suceso y los casos posibles:

$$P(A) = \frac{\text{n.º de casos favorables a A}}{\text{n.º de casos posibles}}$$

ESTRATEGIA

El diagrama de árbol

ACTIVIDAD RESUELTA

Halla la probabilidad de obtener dos cruces al lanzar dos monedas.

Se resuelve la actividad empleando la técnica de organizar los datos en un diagrama de árbol, como el del margen, que facilita el recuento de todas las posibilidades.

El espacio muestral de este experimento está formado por todos los casos obtenidos; en total cuatro: E = {(Cara , Cara), (Cara , Cruz), (Cruz , Cara), (Cruz , Cruz)}.

Como todos los sucesos son equiprobables, se puede aplicar la regla de Laplace:

$$P\,(2\text{ cruces}) = \frac{\text{n.º de resultados con dos cruces}}{\text{n.º total de resultados}} = \frac{1}{4}$$

Los casos favorables son el número de resultados en los que aparecen dos cruces de entre todos los del espacio muestral; se constata que solo hay un caso: (X , X). Los casos posibles son el número de elementos del espacio muestral: en total 4.

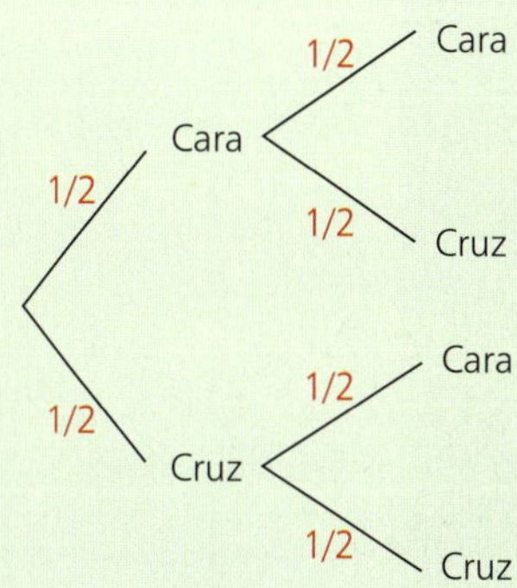

Realiza las actividades aplicando la estrategia del diagrama de árbol.

1 Utiliza la representación en árbol para describir el espacio muestral del experimento consistente en lanzar tres dados y contesta a estas preguntas:

a. Halla la probabilidad de que salgan tres caras.

b. Calcula la probabilidad de que salgan dos caras.

c. Halla la probabilidad de que salga una cara.

d. Establece la probabilidad de que no salga ninguna cara.

2 Utiliza un diagrama de árbol para obtener todos los números diferentes que se pueden formar con estos cuatro dígitos 1, 2, 3 y 4 sin repetir cifras. ¿Cuál es la probabilidad de que acabe en 4?

3 Fíjate en la composición de la siguiente urna:

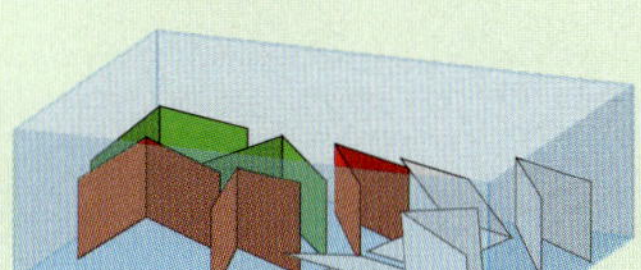

Si extraemos una papeleta al azar:

a. ¿Cuál es la probabilidad de que sea roja?

b. ¿Cuál es la probabilidad de que sea verde?

c. ¿Cuál es la probabilidad de que sea blanca?

4 Pepe, Daniel y Ricardo han llegado a la final de un concurso de lanzamiento de dardos. Halla:

a. La probabilidad de que Ricardo se clasifique el segundo.

b. La probabilidad de que los dos primeros sean Pepe y Ricardo.

5 En un juego se lanzan a la vez dos dados:

a. Calcula la probabilidad de obtener un doble.

b. Halla la probabilidad de obtener al menos un 6.

c. Determina la probabilidad de que el valor de un dado sea el doble que el del otro.

01 Números racionales

¿Tengo claro lo que representan las imágenes que aparecen en estas páginas?

¿Qué fracción es cada pétalo de la flor? ¿Qué relación guarda la corchea con respecto a la blanca?

01 Fracciones y números racionales

Al dividir dos números enteros, no siempre se obtiene otro número entero. Observa estas dos divisiones:

$$\frac{-10}{5} = -2 \qquad \frac{-10}{3} = -3{,}333\ldots$$

En el primer caso obtenemos un número entero, mientras que en el segundo no.

Para dar solución a esta limitación, se ideó una forma de expresar esta división mediante números fraccionarios o fracciones.

Una **fracción** es el cociente indicado de dos números enteros, $\frac{a}{b}$, en el que *a* es el numerador y *b* es el denominador, y donde $b \neq 0$.

Porcentajes

El porcentaje, a %, de una cantidad, C, se obtiene mediante la siguiente expresión:

$$a\,\%\text{ de } C = \frac{a}{100} \cdot C$$

$$21\,\%\text{ de } 80 = \frac{21}{100} \cdot 80 = 0{,}21 \cdot 80 = 16{,}8$$

Porcentaje	Fracción	Decimal
21 %	$\frac{21}{100}$	0,21

Fracción propia

El numerador es menor que el denominador, $a < b$. Por ejemplo, son fracciones propias $\frac{2}{5}, -\frac{3}{7}, \frac{1}{4}$.

Fracción impropia

El numerador es mayor que el denominador, $a > b$. Así, son fracciones impropias $\frac{4}{3}, \frac{13}{5}, -\frac{25}{6}$.

Los **números racionales** son los que se pueden expresar mediante una fracción. El conjunto de todos ellos se representa con la letra $\mathbb{Q}$:

$$\mathbb{Q} = \left\{\frac{a}{b} \text{ con } b \neq 0\right\}$$

Observa

Las fracciones impropias se pueden escribir como suma de un número entero y una fracción propia:

$$\frac{11}{4} = \frac{8}{4} + \frac{3}{4} = 2 + \frac{3}{4}$$

El conjunto de los números racionales está formado por los números enteros y los decimales exactos y periódicos, ya que todos ellos se pueden expresar mediante fracciones:

- Números racionales ($\mathbb{Q}$)
  - Números enteros ($\mathbb{Z}$)
    - Números naturales ($\mathbb{N}$)
    - Cero
    - Enteros negativos
  - Números decimales
    - Exactos
    - Periódicos
      - Puros
      - Mixtos

Fracciones equivalentes

Dos **fracciones** son **equivalentes** si, al realizar la división, se obtiene el mismo valor. Las fracciones $\frac{4}{5}$ y $\frac{8}{10}$ son equivalentes, pues $\frac{4}{5} = 0{,}8$ y $\frac{8}{10} = 0{,}8$.

$\frac{4}{5}$

Dos fracciones, $\frac{a}{b}$ y $\frac{c}{d}$, son equivalentes, lo que se representa como $\frac{a}{b} = \frac{c}{d}$, si se verifica que $a \cdot d = b \cdot c$.

$\frac{8}{10}$

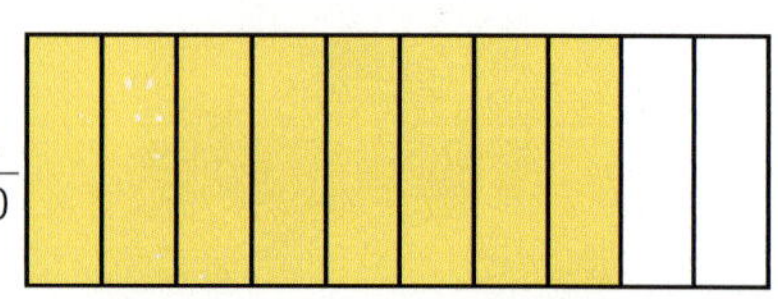

Ampliación y simplificación de fracciones

Para obtener fracciones equivalentes a una fracción dada, existen dos métodos:

Ampliación

Se multiplican el numerador y el denominador por un mismo número entero distinto de cero y uno:

$$\frac{15}{21} = \frac{15 \cdot 4}{21 \cdot 4} = \frac{60}{84} \Rightarrow 15 \cdot 84 = 21 \cdot 60 \Rightarrow 1\,260 = 1\,260$$

Simplificación

Se dividen el numerador y el denominador entre un mismo número entero distinto de cero y uno (que sea divisor común a ambos):

$$\frac{15}{21} = \frac{15:3}{21:3} = \frac{5}{7} \Rightarrow 15 \cdot 7 = 21 \cdot 5 \Rightarrow 105 = 105$$

Simplificación $:3$ — Ampliación $\cdot 4$

Observa cómo se amplia y simplifica la fracción $\frac{15}{21}$: $\frac{5}{7}$ $\frac{15}{21}$ $\frac{60}{84}$

Si se toma la fracción ampliada y se va simplificando, se obtienen todas las fracciones anteriores. Fíjate, sin embargo, en la última:

$$\frac{60}{84} = \frac{15}{21} = \frac{5}{7}$$

Esta fracción no se puede simplificar más, porque el numerador y el denominador no tienen divisores comunes distintos de 1. Es la **fracción irreducible**.

La **fracción irreducible** es aquella que no se puede simplificar más.

Para obtener la fracción irreducible de una fracción dada, basta con dividir el numerador y el denominador entre su máximo común divisor (m.c.d.). Así, por ejemplo, para calcular la fracción irreducible de $\frac{36}{90}$, se dividen el numerador y el denominador entre el divisor común, que es 18:

$$\text{m.c.d. } (36, 90) = 2 \cdot 3^2 = 18 \Rightarrow \frac{36}{90} = \frac{36:18}{90:18} = \frac{2}{5} \quad \text{Fracción irreducible}$$

Observa

Una fracción y todas sus fracciones equivalentes representan el mismo número racional.

ACTIVIDADES

1 Copia esta tabla en tu cuaderno y clasifica los números en naturales, enteros y racionales. Ten en cuenta que un número puede pertenecer a más de una categoría.

	-3	7,29	1	$0,7\widehat{8}$	$-\frac{6}{7}$	$-4,555\ldots$
$\mathbb{N}$						
$\mathbb{Z}$						
$\mathbb{Q}$						

2 De los siguientes pares de fracciones, di cuáles son equivalentes:

a. $\frac{4}{7}$ y $\frac{12}{21}$ **b.** $\frac{5}{8}$ y $\frac{6}{10}$ **c.** $\frac{-6}{12}$ y $\frac{4}{-8}$ **d.** $\frac{-2}{5}$ y $\frac{-8}{20}$

3 Halla los números que faltan para que las fracciones siguientes sean equivalentes:

a. $\frac{4}{9}$ y $\frac{x}{27}$ **b.** $\frac{5}{x}$ y $\frac{3}{12}$ **c.** $\frac{x}{8}$ y $\frac{-6}{12}$ **d.** $\frac{x}{9}$ y $\frac{4}{x}$

4 Simplifica las siguientes fracciones y obtén la fracción irreducible:

a. $\frac{80}{100}$ **b.** $\frac{28}{126}$ **c.** $\frac{125}{225}$ **d.** $\frac{66}{132}$

5 Las fracciones aparecen en numerosas situaciones de la vida cotidiana. Investiga y averigua, por ejemplo, cuál es la relación entre las fracciones y las notas musicales.

02 Reducción de fracciones a común denominador. Ordenación y comparación

Ordenar y comparar dos fracciones con el mismo denominador es muy sencillo; por ello, para ordenar y comparar fracciones con distinto denominador, hay que reducirlas a común denominador.

Reducción de fracciones a común denominador

Reducir a un denominador común varias fracciones consiste en obtener fracciones equivalentes a todas ellas que tengan el mismo denominador.

Con este fin, hay que proceder del siguiente modo:

1. Se calcula el m.c.m. de todos los denominadores, que será el denominador común de las fracciones.
2. Para hallar el numerador de cada fracción, se divide el m.c.m. entre el denominador, y el resultado se multiplica por el numerador de la fracción.

Ordenación y comparación de fracciones

A la hora de **comparar fracciones**, pueden darse los siguientes casos:

Si tienen el mismo denominador y distinto numerador

Es mayor la que mayor numerador tenga:

$$\frac{5}{3} \text{ y } \frac{2}{3} \Rightarrow \frac{5}{3} > \frac{2}{3}$$

Si tienen el mismo numerador y distinto denominador

- Y los numeradores son positivos, es mayor la que menor denominador tenga:

$$\frac{5}{3} \text{ y } \frac{5}{8} \Rightarrow \frac{5}{3} > \frac{5}{8}$$

- Y los numeradores son negativos, es mayor la que mayor denominador tenga:

$$-\frac{5}{3} \text{ y } -\frac{5}{8} \Rightarrow -\frac{5}{3} < -\frac{5}{8}$$

Si tienen distinto numerador y denominador

Se reducen a común denominador, y es mayor la que mayor numerador tenga:

$$\frac{8}{3} \text{ y } \frac{5}{4} \Rightarrow \left.\begin{array}{l} \frac{8}{3} = \frac{32}{12} \\ \frac{5}{4} = \frac{15}{12} \end{array}\right\} \Rightarrow \frac{8}{3} > \frac{5}{4}$$

ACTIVIDAD RESUELTA

Reduce a común denominador las fracciones $\frac{8}{9}, \frac{11}{12}, \frac{5}{6}$ y ordénalas de mayor a menor.

1 Se calcula el m.c.m. de los denominadores: m.c.m. (9, 12, 6) = $2^2 \cdot 3^2 = 36$.

2 Se hallan las fracciones equivalentes:

$$\left.\begin{array}{l} \frac{8}{9} = \frac{(36:9)\cdot 8}{36} = \frac{4\cdot 8}{36} = \frac{32}{36} \\ \frac{11}{12} = \frac{(36:12)\cdot 11}{36} = \frac{3\cdot 11}{36} = \frac{33}{36} \\ \frac{5}{6} = \frac{(36:6)\cdot 5}{36} = \frac{6\cdot 5}{36} = \frac{30}{36} \end{array}\right\}$$

Como tienen el mismo denominador, es mayor la que mayor numerador tiene:

$$\frac{33}{36} > \frac{32}{36} > \frac{30}{36}$$

Por lo tanto:

$$\frac{11}{12} > \frac{8}{9} > \frac{5}{6}$$

Representación de los números racionales

Para **representar** un número racional, hay que determinar, en primer lugar, entre qué dos números enteros se encuentra.

Así, para representar $\frac{9}{5}$, se expresa la fracción como la suma de un número entero y una fracción propia: $\frac{9}{5} = \frac{5}{5} + \frac{4}{5} = 1 + \frac{4}{5}$; por tanto, el número está comprendido entre 1 y 2.

1 Se traza una recta cualquiera, *r*, por el punto 1.

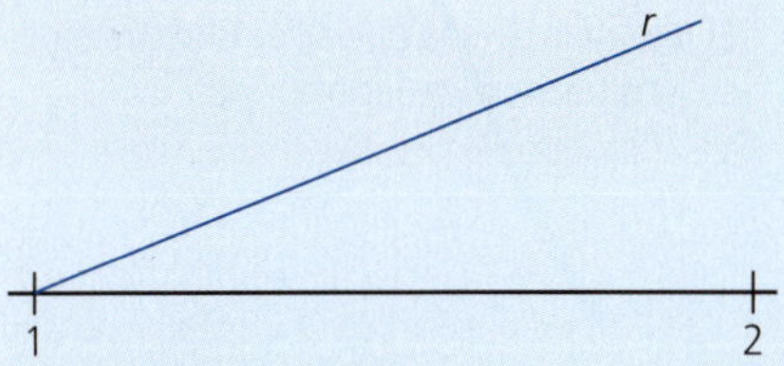

2 Se trazan sobre *r* cinco segmentos iguales y se une el último con el punto 2.

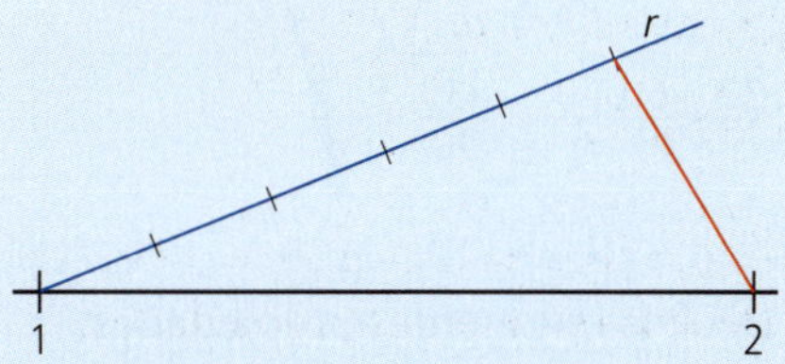

3 Se trazan paralelas al segmento. El cuarto punto sobre la recta numérica es el número.

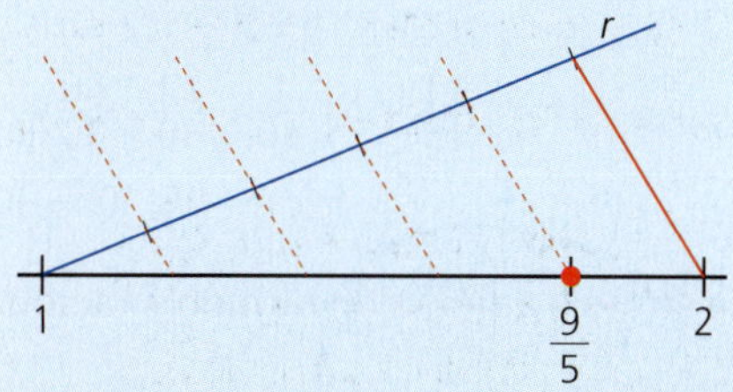

ACTIVIDADES

6 Reduce a común denominador las siguientes fracciones:

a. $\frac{3}{16}, \frac{9}{10}$ b. $\frac{2}{9}, \frac{1}{12}, \frac{3}{15}$ c. $\frac{-13}{15}, \frac{11}{30}, \frac{-8}{25}$

7 Ordena de mayor a menor.

a. $\frac{3}{16}, \frac{5}{24}$

b. $\frac{-7}{18}, \frac{-4}{15}$

c. $\frac{37}{30}, \frac{7}{6}$

d. $\frac{3}{7}, \frac{5}{14}, \frac{6}{21}$

e. $\frac{7}{36}, -\frac{4}{60}, \frac{5}{20}$

f. $-\frac{3}{11}, -\frac{17}{55}, -\frac{5}{30}$

ACTIVIDAD RESUELTA

8 Busca una fracción que esté comprendida entre $\frac{5}{6}$ y $\frac{9}{8}$.

Se reducen las fracciones a común denominador:

$$\frac{5}{6}, \frac{9}{8} \Rightarrow \frac{20}{24}, \frac{27}{24}$$

Hay seis posibles soluciones, que son las fracciones:

$$\frac{21}{24}, \frac{22}{24}, \frac{23}{24}, \frac{24}{24}, \frac{25}{24}, \frac{26}{24}$$

Simplificando las fracciones:

$$\frac{21}{24}, \frac{11}{12}, \frac{23}{24}, 1, \frac{25}{24}, \frac{13}{12}$$

9 Busca una fracción que esté comprendida entre las siguientes:

a. $\frac{3}{4}, \frac{7}{6}$ b. $\frac{-3}{5}, \frac{-1}{3}$ c. $\frac{11}{14}, \frac{16}{20}$

10 Representa en la recta numérica los números racionales $\frac{3}{4}, \frac{2}{5}, \frac{7}{3}$ y $-\frac{2}{7}$.

11 La población de las provincias de Castilla-La Mancha viene determinada por las siguientes fracciones:

Albacete: $\frac{19}{100}$; Guadalajara: $\frac{9}{50}$; Cuenca: $\frac{1}{10}$;

Ciudad Real: $\frac{1}{4}$; Toledo: $\frac{7}{25}$

¿Cuál es la provincia con mayor población? ¿Y con menor población?

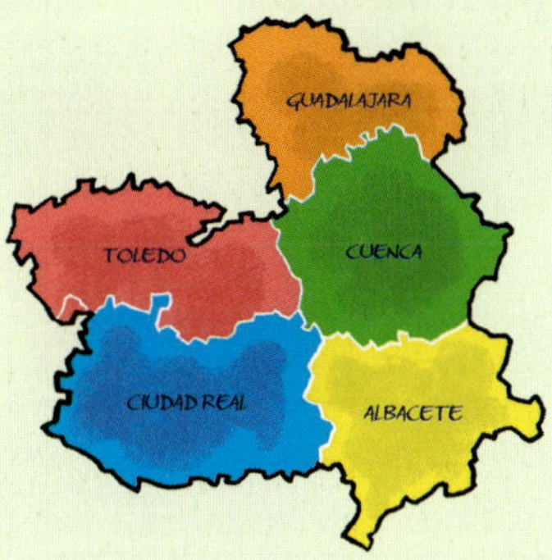

03 Suma y resta de números racionales

Para **sumar** o **restar** números racionales, se debe tener en cuenta lo siguiente:

- Si tienen el **mismo denominador**, se suman o restan los numeradores y se mantiene el mismo denominador. Así, fíjate en la siguiente operación:

$$\frac{5}{4}+\frac{3}{4}-\frac{1}{4}=\frac{5+3-1}{4}=\frac{7}{4}$$

- Si tienen **distinto denominador**, se reducen a común denominador y luego se suman o restan los numeradores. Puedes verlo en el siguiente ejemplo:

$$\frac{11}{15}-2+\frac{1}{10}=\frac{22}{30}-\frac{60}{30}+\frac{3}{30}=\frac{22-60+3}{30}=\frac{-35}{30}=\frac{-7}{6}$$

m.c.m. (15, 10) = 30

Recuerda

Al sumar y restar fracciones, debes utilizar las reglas de los signos de los números enteros.

Cuidado

El resultado de una operación siempre ha de ser una fracción irreducible.

La suma o adición de números racionales tiene las siguientes propiedades:

Propiedades de la suma

Conmutativa

Si se cambia el orden de los sumandos, el resultado no se altera:

$$\frac{a}{b}+\frac{c}{d}=\frac{c}{d}+\frac{a}{b}$$

$$\frac{2}{3}+\frac{5}{3}=\frac{5}{3}+\frac{2}{3}$$

$$\frac{7}{3}=\frac{7}{3}$$

Asociativa

Si se agrupan los sumandos de diferente manera, el resultado no se altera:

$$\frac{a}{b}+\left(\frac{c}{d}+\frac{e}{f}\right)=\left(\frac{a}{b}+\frac{c}{d}\right)+\frac{e}{f}$$

$$\frac{2}{3}+\left(\frac{5}{3}+\frac{1}{3}\right)=\left(\frac{2}{3}+\frac{5}{3}\right)+\frac{1}{3}$$

$$\frac{8}{3}=\frac{8}{3}$$

Elemento neutro

El elemento que sumado a cualquier número no modifica el resultado es el 0:

$$\frac{a}{b}+\frac{0}{b}=\frac{a}{b}$$

$$\frac{2}{3}+0=\frac{2}{3}+\frac{0}{3}$$

$$\frac{2}{3}=\frac{2}{3}$$

Elemento opuesto

Al sumar un número racional y su opuesto, se obtiene el elemento neutro:

$$\frac{a}{b}+\left(\frac{-a}{b}\right)=0$$

$$\frac{2}{3}+\left(\frac{-2}{3}\right)=\frac{0}{3}=0$$

La resta o diferencia de números racionales tiene las siguientes propiedades:

Propiedades de la resta

No cumple la propiedad conmutativa

Si se cambia el orden de las fracciones, el resultado varía:

$$\frac{a}{b}-\frac{c}{d}\neq\frac{c}{d}-\frac{a}{b}$$

$$\frac{4}{3}-\frac{5}{3}\neq\frac{5}{3}-\frac{4}{3}$$

$$\frac{-1}{3}\neq\frac{1}{3}$$

No cumple la propiedad asociativa

El orden en que se realizan las restas modifica el resultado:

$$\frac{a}{b}-\left(\frac{c}{d}-\frac{e}{f}\right)\neq\left(\frac{a}{b}-\frac{c}{d}\right)-\frac{e}{f}$$

$$\frac{6}{5}-\left(\frac{4}{5}-\frac{1}{5}\right)\neq\left(\frac{6}{5}-\frac{4}{5}\right)-\frac{1}{5}$$

$$\frac{6}{5}-\frac{3}{5}\neq\frac{2}{5}-\frac{1}{5}$$

$$\frac{3}{5}\neq\frac{1}{5}$$

Elemento neutro

El elemento que restado a cualquier número no altera el resultado es el 0:

$$\frac{a}{b}-\frac{0}{b}=\frac{a}{b}$$

$$\frac{2}{3}-0=\frac{2}{3}-\frac{0}{3}=\frac{2}{3}$$

ACTIVIDADES

12 Resuelve mentalmente.

a. $1 + \frac{2}{3}$ b. $\frac{1}{2} + \frac{1}{3}$ c. $\frac{1}{2} - \frac{1}{3}$ d. $\frac{1}{2} + \frac{1}{4}$

13 Calcula mentalmente y simplifica el resultado.

a. $\frac{3}{7} + \frac{5}{7} + \frac{6}{7}$

b. $\frac{3}{12} - \frac{5}{12} + \frac{11}{12}$

c. $\frac{7}{4} - \frac{1}{4} - \frac{2}{4}$

d. $-\frac{7}{10} - \frac{3}{10} - \frac{9}{10}$

14 Realiza las siguientes operaciones:

a. $\frac{3}{5} + \frac{2}{3} + \frac{1}{2}$

b. $\frac{1}{2} + \frac{1}{3} + \frac{1}{6}$

c. $-\frac{7}{15} + 1 - \frac{4}{9}$

d. $\frac{2}{9} - \frac{7}{10} - \frac{1}{3}$

e. $\frac{5}{12} - \frac{2}{9} + 2 - \frac{11}{3}$

f. $-\frac{5}{3} - \frac{2}{9} + 1 - \frac{1}{6}$

ACTIVIDAD RESUELTA

15 Calcula las siguientes operaciones de fracciones de dos formas diferentes:

$$\frac{4}{15} + \left(\frac{5}{2} - 1 - \frac{3}{10}\right)$$

1.ª forma. Se busca, en primer lugar, el m.c.m. de los denominadores de las fracciones que hay dentro de los paréntesis:

$$\frac{4}{15} + \left(\frac{5}{2} - 1 - \frac{3}{10}\right) = \frac{4}{15} + \left(\frac{25}{10} - \frac{10}{10} - \frac{3}{10}\right) =$$

$$= \frac{4}{15} + \frac{12}{10} = \frac{8}{30} + \frac{36}{30} = \frac{44}{30} = \frac{22}{15}$$

2.ª forma. Se halla el m.c.m. de todos los denominadores:

$$\frac{4}{15} + \left(\frac{5}{2} - 1 - \frac{3}{10}\right) = \frac{8}{30} + \left(\frac{75}{30} - \frac{30}{30} - \frac{9}{30}\right) =$$

$$= \frac{8}{30} + \frac{36}{30} = \frac{44}{30} = \frac{22}{15}$$

16 Realiza estas operaciones con paréntesis:

a. $3 + \left(\frac{5}{3} + \frac{1}{6}\right)$

b. $2 - \left(\frac{3}{10} - \frac{2}{15}\right)$

c. $\left(-\frac{1}{2} + \frac{3}{8}\right) + \frac{1}{8}$

d. $\left(\frac{7}{2} - 4\right) - \frac{5}{3}$

e. $\frac{7}{8} - \left(\frac{1}{4} + \frac{2}{3}\right)$

f. $\left(-\frac{7}{20} - \frac{5}{12}\right) + \frac{1}{2}$

17 Comprueba que se cumple la propiedad asociativa de la suma en este caso:

$$\frac{4}{5} + \left(\frac{2}{3} + \frac{1}{2}\right) = \left(\frac{4}{5} + \frac{2}{3}\right) + \frac{1}{2}$$

18 Resuelve las siguientes operaciones:

a. $\frac{3}{4} + \left(\frac{1}{2} - 3 + \frac{4}{5}\right) + \frac{5}{2}$

b. $\left(\frac{1}{6} - \frac{3}{5}\right) + \left(\frac{3}{2} + \frac{5}{6}\right)$

c. $\left(\frac{4}{7} - 1\right) - \left(2 + \frac{1}{4}\right)$

d. $\frac{3}{2} - \left[2 + \left(\frac{1}{3} - \frac{1}{4}\right)\right]$

e. $\left[\left(-\frac{2}{5} + \frac{1}{10}\right) + \frac{3}{2}\right] - \left(-\frac{5}{6}\right)$

f. $\frac{5}{3} - \left[\left(\frac{2}{9} + \frac{1}{4}\right) - \left(-\frac{1}{3} + \frac{7}{2}\right)\right]$

19 Un ciclista desea recorrer la distancia entre dos pueblos, A y B. El primer día recorre $\frac{3}{5}$ del total; el segundo, $\frac{1}{3}$, y el tercero, $\frac{1}{15}$. Teniendo en cuenta que sale del pueblo A, ¿puede asegurarse que el tercer día el ciclista ha llegado al pueblo B?

20 Un agricultor planta $\frac{3}{7}$ de su terreno de tomates, y $\frac{1}{4}$, de pepinos. ¿Qué parte del terreno está sin plantar?

21 José se ha gastado $\frac{3}{4}$ de su dinero en un libro y $\frac{1}{8}$ en un cuaderno. Si aún le quedan 2 €, ¿cuánto dinero tenía al principio?

04 Multiplicación y división de números racionales

La multiplicación y división de números racionales se basa en la multiplicación y división de números enteros.

Recuerda

Al multiplicar o dividir fracciones, debes aplicar las reglas de los signos de los números enteros:

$+ \cdot + = +$ $\quad + \cdot - = -$

$- \cdot - = +$ $\quad - \cdot + = -$

04.1 Multiplicación de números racionales

La **multiplicación** o producto de dos o más **números racionales** es otro número racional que tiene como numerador el producto de los numeradores y como denominador el producto de los denominadores:

$$\frac{a}{b} \cdot \frac{c}{d} = \frac{a \cdot c}{b \cdot d}$$

Por ejemplo, el producto de estas fracciones sería:

$$\frac{5}{4} \cdot \left(\frac{-3}{2}\right) \cdot \frac{1}{7} = \frac{5 \cdot (-3) \cdot 1}{4 \cdot 2 \cdot 7} = -\frac{15}{56}$$

Propiedades de la multiplicación

Conmutativa

El orden de los factores no altera el resultado:

$$\frac{a}{b} \cdot \frac{c}{d} = \frac{c}{d} \cdot \frac{a}{b}$$

$$\frac{2}{3} \cdot \frac{5}{4} = \frac{5}{4} \cdot \frac{2}{3}$$

$$\frac{10}{12} = \frac{10}{12}$$

Simplificando $\Rightarrow \frac{5}{6} = \frac{5}{6}$

Asociativa

Si se agrupan los factores de diferente manera, el producto no varía:

$$\frac{a}{b} \cdot \left(\frac{c}{d} \cdot \frac{e}{f}\right) = \left(\frac{a}{b} \cdot \frac{c}{d}\right) \cdot \frac{e}{f}$$

$$\frac{2}{3} \cdot \left(\frac{5}{4} \cdot \frac{1}{7}\right) = \left(\frac{2}{3} \cdot \frac{5}{4}\right) \cdot \frac{1}{7}$$

$$\frac{10}{84} = \frac{10}{84}$$

Simplificando $\Rightarrow \frac{5}{42} = \frac{5}{42}$

Elemento neutro

El elemento neutro es el 1, pues, al multiplicar un número racional por 1, se obtiene el mismo número racional:

$$\frac{a}{b} \cdot 1 = \frac{a}{b}$$

$$\frac{3}{7} \cdot 1 = \frac{3}{7}$$

Elemento inverso

Al multiplicar un número racional por su inverso, se obtiene el elemento neutro:

$$\frac{a}{b} \cdot \frac{b}{a} = \frac{a \cdot b}{b \cdot a} = 1$$

$$\frac{5}{3} \cdot \frac{3}{5} = \frac{15}{15} = 1$$

Distributiva respecto de la suma

El producto de un número racional por la suma de otros dos es igual a la suma de los productos del número racional por cada uno de los componentes.

$$\frac{a}{b} \cdot \left(\frac{c}{d} + \frac{e}{f}\right) = \frac{a}{b} \cdot \frac{c}{d} + \frac{a}{b} \cdot \frac{e}{f}$$

$$\frac{4}{3} \cdot \left(\frac{5}{4} + \frac{1}{2}\right) = \frac{4}{3} \cdot \frac{7}{4} = \frac{28}{12} = \frac{7}{3}$$

$$\frac{4}{3} \cdot \frac{5}{4} + \frac{4}{3} \cdot \frac{1}{2} = \frac{5}{3} + \frac{2}{3} = \frac{7}{3}$$

Distributiva respecto de la resta

El producto de un número racional por la resta de otros dos es igual a la resta de los productos del número racional por cada uno de los componentes.

$$\frac{a}{b} \cdot \left(\frac{c}{d} - \frac{e}{f}\right) = \frac{a}{b} \cdot \frac{c}{d} - \frac{a}{b} \cdot \frac{e}{f}$$

$$\frac{4}{3} \cdot \left(\frac{5}{4} - \frac{1}{2}\right) = \frac{4}{3} \cdot \frac{3}{4} = \frac{12}{12} = 1$$

$$\frac{4}{3} \cdot \frac{5}{4} - \frac{4}{3} \cdot \frac{1}{2} = \frac{5}{3} - \frac{2}{3} = \frac{3}{3} = 1$$

04.2 División de números racionales

La **división** o cociente de dos **números racionales** es otro número racional que se obtiene al multiplicar el primer número por el inverso del segundo:

$$\frac{a}{b}:\frac{c}{d}=\frac{a}{b}\cdot\frac{d}{c}=\frac{a\cdot d}{b\cdot c}$$

Así, por ejemplo, la división de las siguientes fracciones es: $\frac{5}{4}:\frac{3}{7}=\frac{5\cdot 7}{4\cdot 3}=\frac{35}{12}$.

Dicho en otras palabras, la división de dos números racionales es otro número racional cuyo numerador es el producto del numerador del primero por el denominador del segundo y cuyo denominador es el producto del denominador del primero por el numerador del segundo.

Propiedades de la división

No cumple la propiedad conmutativa

Si se cambia el orden de las fracciones, el resultado varía:

$$\frac{a}{b}:\frac{c}{d}\neq\frac{c}{d}:\frac{a}{b}$$

$$\frac{2}{3}:\frac{5}{4}\neq\frac{5}{4}:\frac{2}{3}$$

$$\frac{8}{15}\neq\frac{15}{8}$$

No cumple la propiedad asociativa

El orden en que se realizan las divisiones modifica el resultado:

$$\frac{a}{b}:\left(\frac{c}{d}:\frac{e}{f}\right)\neq\left(\frac{a}{b}:\frac{c}{d}\right):\frac{e}{f}$$

$$\frac{2}{3}:\left(\frac{5}{4}:\frac{1}{7}\right)\neq\left(\frac{2}{3}:\frac{5}{4}\right):\frac{1}{7}$$

$$\frac{2}{3}:\frac{35}{4}\neq\frac{8}{15}:\frac{1}{7}$$

$$\frac{8}{105}\neq\frac{56}{15}$$

Elemento neutro

El elemento neutro es el 1, pues, al dividir un número racional por 1, se obtiene el mismo número racional:

$$\frac{a}{b}:1=\frac{a}{b}$$

$$\frac{3}{7}:1=\frac{3}{7}$$

ACTIVIDADES

22 Resuelve y simplifica, siempre que sea posible, el resultado.

a. $\frac{3}{2}\cdot\frac{5}{9}\cdot\frac{4}{5}$

b. $5:\frac{1}{6}:\frac{3}{10}$

c. $\frac{6}{5}:\left(-\frac{8}{15}\right):\left(-\frac{2}{3}\right)$

d. $-\frac{1}{2}:\frac{3}{11}\cdot\frac{1}{6}$

23 Comprueba que se cumple la propiedad distributiva en los siguientes casos:

a. $\frac{3}{5}\cdot\left(\frac{4}{7}+\frac{1}{2}\right)$

b. $\frac{2}{11}\cdot\left(\frac{5}{9}-\frac{4}{3}\right)$

24 Luis se ha leído las $\frac{5}{7}$ partes de su libro. Si el libro tiene 98 páginas, ¿cuántas páginas le quedan por leer?

25 Un productor de aceite carga toda su producción en tres bidones. El primero lleva las $\frac{3}{5}$ partes del total; el segundo, la tercera parte del resto de la producción, y el tercero contiene 2 400 L de aceite. ¿Cuántos litros de aceite hay en los tres bidones?

26 Un jeque árabe dejó en herencia a sus tres hijos 17 camellos que habían de repartirse del siguiente modo: la mitad era para el mayor de los tres; la tercera parte, para el mediano, mientras que el más pequeño se quedaba con la novena parte. Ante la imposibilidad de llevar a cabo el reparto de los camellos, acudieron al cadí. Se trataba de un hombre justo y generoso, además de un buen matemático. ¿Cómo crees que afrontó el cadí la situación?

05 Potencia y jerarquía de operaciones

Las **potencias** de números racionales se definen a partir de las potencias de números enteros, cuyas propiedades también se pueden aplicar a las potencias de números racionales.

05.1 Potencias de números racionales

Distinguimos dos casos, según sea el exponente de la potencia:

- Si el **exponente,** ***n*****,** es un número **entero positivo,** se multiplica la fracción por sí misma tantas veces como indique el exponente:

$$\left(\frac{a}{b}\right)^n = \overbrace{\frac{a}{b}\cdot\frac{a}{b}\cdot\frac{a}{b}\cdot\ldots\cdot\frac{a}{b}}^{n \text{ veces}} = \frac{a^n}{b^n} \Rightarrow \left(\frac{2}{3}\right)^4 = \frac{2}{3}\cdot\frac{2}{3}\cdot\frac{2}{3}\cdot\frac{2}{3} = \frac{2^4}{3^4} = \frac{16}{81}$$

- Si el **exponente,** ***n*****,** es un número **entero negativo,** coincide con la potencia de su fracción inversa, elevada al exponente positivo:

$$\left(\frac{a}{b}\right)^{-n} = \frac{1}{\left(\frac{a}{b}\right)^n} = \left(\frac{b}{a}\right)^n \Rightarrow \left(\frac{2}{3}\right)^{-4} = \left(\frac{3}{2}\right)^4 = \frac{3^4}{2^4} = \frac{81}{16}$$

Las propiedades de las potencias de números racionales son las mismas que las de las potencias de números enteros, que resumimos a continuación:

Observa

- $\left(\frac{a}{b}\right)^n$ es siempre positiva.
- $\left(-\frac{a}{b}\right)^n = \begin{cases}\text{Positiva si } n \text{ es par.}\\ \text{Negativa si } n \text{ es impar.}\end{cases}$

Recuerda

$$a^{-n} = \left(\frac{1}{a}\right)^n$$

Propiedades de las potencias con la misma base

Producto

Es igual a dicha base elevada a la suma de los exponentes:

$$\left(\frac{a}{b}\right)^n\cdot\left(\frac{a}{b}\right)^m = \left(\frac{a}{b}\right)^{n+m} \Rightarrow \left(\frac{2}{5}\right)^3\cdot\left(\frac{2}{5}\right)^4 = \left(\frac{2}{5}\right)^7$$

Cociente

Es igual a dicha base elevada a la resta de los exponentes:

$$\left(\frac{a}{b}\right)^n:\left(\frac{a}{b}\right)^m = \left(\frac{a}{b}\right)^{n-m} \Rightarrow \left(\frac{2}{5}\right)^6:\left(\frac{2}{5}\right)^4 = \left(\frac{2}{5}\right)^2$$

Propiedades de las potencias con distinta base

Potencia de un producto

Es igual al producto de las bases elevadas al exponente:

$$\left(\frac{a}{b}\cdot\frac{c}{d}\right)^n = \left(\frac{a}{b}\right)^n\cdot\left(\frac{c}{d}\right)^n \Rightarrow \left(\frac{2}{5}\cdot\frac{1}{4}\right)^3 = \left(\frac{2}{5}\right)^3\cdot\left(\frac{1}{4}\right)^3$$

Potencia de un cociente

Es igual al cociente de las bases elevadas al exponente:

$$\left(\frac{a}{b}:\frac{c}{d}\right)^n = \left(\frac{a}{b}\right)^n:\left(\frac{c}{d}\right)^n \Rightarrow \left(\frac{2}{5}:\frac{1}{4}\right)^3 = \left(\frac{2}{5}\right)^3:\left(\frac{1}{4}\right)^3$$

Potencia de una potencia

Es igual a la base elevada al producto de los exponentes:

$$\left[\left(\frac{a}{b}\right)^n\right]^m = \left(\frac{a}{b}\right)^{n\cdot m} \Rightarrow \left[\left(\frac{2}{5}\right)^3\right]^4 = \left(\frac{2}{5}\right)^{12}$$

Potencia de exponente 1

Cualquier base elevada a 1 es igual a dicha base:

$$\left(\frac{a}{b}\right)^1 = \frac{a}{b} \Rightarrow \left(\frac{2}{5}\right)^1 = \frac{2}{5}$$

Potencia de exponente 0

Cualquier base elevada a 0 es igual a 1:

$$\left(\frac{a}{b}\right)^0 = 1 \Rightarrow \left(\frac{2}{5}\right)^0 = 1$$

05.2 Jerarquía de operaciones

Cuando se realizan varias operaciones con números racionales, se debe seguir este orden:

1. Se efectúan los paréntesis y corchetes, empezando por el más interno.
2. Se realizan las potencias y raíces.
3. Se calculan las multiplicaciones y divisiones de izquierda a derecha.
4. Se llevan a cabo las sumas y restas de izquierda a derecha.

Jerarquía de las operaciones

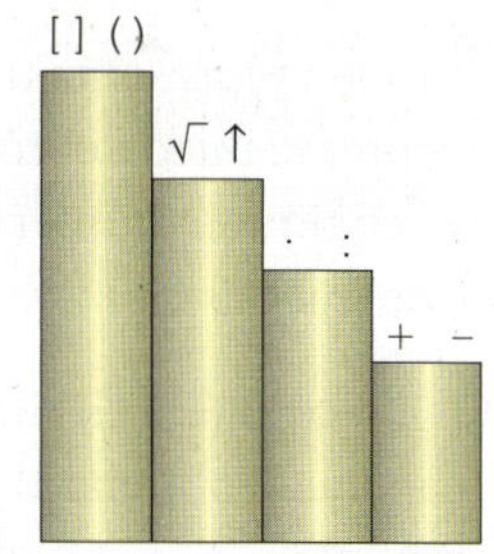

ACTIVIDAD RESUELTA

Realiza la siguiente operación: $\frac{5}{2}\cdot\left[\left(1-\frac{3}{2}\right)^2+\frac{1}{10}\right]-\frac{1}{4}:\frac{2}{3}$.

$$\frac{5}{2}\cdot\left[\left(1-\frac{3}{2}\right)^2+\frac{1}{10}\right]-\frac{1}{4}:\frac{2}{3}=\frac{5}{2}\cdot\left[\left(-\frac{1}{2}\right)^2+\frac{1}{10}\right]-\frac{1}{4}:\frac{2}{3}=\frac{5}{2}\cdot\left[\frac{1}{4}+\frac{1}{10}\right]-\frac{1}{4}:\frac{2}{3}=$$

- Se efectúan los paréntesis y corchetes, empezando por el más interno.
- Se realizan las potencias (y raíces, si las hubiera).
- Se terminan las operaciones contenidas en el corchete.

$$=\frac{5}{2}\cdot\frac{7}{20}-\frac{1}{4}:\frac{2}{3}=\frac{\not{5}}{2}\cdot\frac{7}{\not{5}\cdot 4}-\frac{1}{4}:\frac{2}{3}=\frac{7}{8}-\frac{3}{8}=\frac{4}{8}=\frac{1}{2}$$

- Se simplifica todo lo que se puede.
- Se calculan las multiplicaciones y divisiones de izquierda a derecha.
- Se realizan las sumas y restas de izquierda a derecha.

Cuidado

Para simplificar, no esperes al resultado final; puedes simplificar las fracciones en los pasos intermedios.

ACTIVIDADES

27 Expresa como una sola potencia de exponente natural:

a. $\left[\left(\frac{4}{3}\right)^{-5}:\frac{4}{3}\right]\cdot\left[\left(\frac{4}{3}\right)^2\right]^2$

b. $\left[\left(-\frac{1}{4}\right)^3:\left(-\frac{3}{2}\right)^3\right]\cdot\left[\left(\frac{4}{3}\right)^{-4}:8^{-4}\right]$

28 Resuelve.

a. $\left(\frac{3}{8}-\frac{5}{6}\right)\cdot\left(\frac{4}{3}+2\right)$

b. $\frac{3}{14}-\left(\frac{1}{2}-\frac{2}{3}\right)\cdot\frac{5}{7}$

c. $\frac{2}{7}\cdot\left[3-\left(\frac{2}{5}+\frac{1}{2}\right)\right]-\left(-\frac{2}{5}\right)$

d. $\left(\frac{1}{3}\right)^2:\frac{4}{3}-\left(1-\frac{5}{12}\right)\cdot\frac{3}{2}$

29 Realiza las siguientes operaciones:

a. $\dfrac{\left(\frac{2}{11}+\frac{1}{2}\right)\cdot\frac{5}{3}}{\frac{3}{5}:\left(1-\frac{1}{6}\right)}$

b. $\dfrac{\left(2-\frac{5}{4}\right):\left(1+\frac{7}{3}\right)}{\left(\frac{6}{7}+\frac{3}{2}\right)-\left(\frac{1}{4}-\frac{5}{6}\right)}$

c. $\dfrac{-\frac{4}{5}\cdot\left[\frac{5}{2}-\left(-\frac{3}{4}\right)\right]}{-\frac{7}{6}\cdot\frac{2}{5}:\left(-\frac{1}{3}\right)}$

d. $\dfrac{\left[\left(\frac{5}{12}+\frac{1}{18}\right)-\left(\frac{10}{3}\cdot\frac{1}{5}\right)\right]:\frac{2}{9}}{\left(\frac{1}{15}+\frac{3}{10}\right)\cdot\left(\frac{5}{6}-\frac{1}{8}\right)}$

06 Expresiones decimales. Fracción generatriz de una expresión decimal

Una fracción representa un número racional y también un cociente. Al realizar el cociente, se puede obtener un número entero o un número decimal. Igualmente, cualquier número decimal exacto y periódico puede expresarse en forma de fracción.

Vamos a recordar la clasificación de los números decimales y el tipo de número decimal que se obtiene al realizar la división dependiendo de la naturaleza del denominador.

Fracción generatriz

La fracción generatriz de un número decimal es la **fracción irreducible** de la que se obtiene dicho número decimal al dividir el numerador entre el denominador.

06.1 Tipos de números decimales

Los números decimales se clasifican en:

Número decimal exacto

Tiene un número finito de cifras en la parte decimal:

2,3 ; 5,28 ; −7,125

Número decimal periódico

Tiene un número infinito de cifras decimales en la parte decimal que se repiten indefinidamente.

Periódico puro

Todas las cifras decimales forman parte del período:

$2{,}888\ldots = 2{,}\widehat{8}$

Período

Periódico mixto

Hay cifras decimales que no forman parte del período:

$0{,}519\,99\ldots = 0{,}51\widehat{9}$

Anteperíodo Período

Número decimal no exacto ni periódico

Tiene un número infinito de cifras decimales en la parte decimal que no se repiten indefinidamente:

$\pi = 3{,}141\,592\ldots$

$e = 2{,}718\,281\,828\,4\ldots$

$\sqrt{3} = 1{,}732\,050\,8\ldots$

06.2 Expresión decimal de una fracción

Para obtener la **expresión decimal** de un número racional a partir de su fracción irreducible, hay que realizar la división entre el numerador y el denominador de la fracción.

Así, el cociente que se obtiene puede ser:

Número entero

El numerador es múltiplo del denominador:

$\frac{12}{3} = 4$

Número decimal exacto

El denominador de la fracción irreducible tiene solo como factores primos el 2, el 5 o ambos:

$\frac{3}{2} = 1{,}5 \,;\, \frac{4}{5} = 0{,}8 \,;\, \frac{7}{20} = 0{,}35$

Número decimal periódico puro

El denominador de la fracción irreducible no tiene ni el 2 ni el 5:

$\frac{4}{3} = 1{,}333\ldots = 1{,}\widehat{3}$

Número decimal periódico mixto

El denominador de la fracción irreducible tiene como factores primos el 2, el 5, o ambos y algún otro factor primo:

$\frac{7}{12} = 0{,}583\,33\ldots = 0{,}58\widehat{3}$

06.3 Conversión de número decimal a fracción

- Un **número decimal exacto** se expresa en forma de fracción del siguiente modo:

$$5{,}17 = \frac{517}{100}$$

517 → Número decimal sin coma

100 → Unidad seguida de tantos ceros como cifras decimales haya

En la práctica

$N = 5{,}17$

$100N = 517$

$N = \frac{517}{100}$

- Un **número decimal periódico puro** se expresa en forma de fracción de este modo:

$$3{,}\widehat{76} = \frac{376 - 3}{99} = \frac{373}{99}$$

376 → Número decimal sin coma ni período

3 → Parte entera

99 → Tantos nueves como cifras tenga el período

En la práctica

$N = 3{,}\widehat{76}$

$100N = 376{,}\widehat{76}$

$100N - N = 376{,}\widehat{76} - 3{,}\widehat{76}$

$99N = 373$

$N = \frac{373}{99}$

- Un **número decimal periódico mixto** se expresa así en forma de fracción:

$$9{,}21\widehat{4} = \frac{9\,214 - 921}{900} = \frac{8\,293}{900}$$

9 214 → Número decimal sin coma ni período

921 → Parte entera y anteperíodo

900 → Tantos nueves como cifras tenga el período, seguido de tantos ceros como cifras tenga el anteperíodo

En la práctica

$N = 9{,}21\widehat{4}$

$100N = 921{,}\widehat{4}$

$1\,000N = 9\,214{,}\widehat{4}$

$1\,000N - 100N = 9\,214{,}\widehat{4} - 921{,}\widehat{4}$

$900N = 8\,293$

$N = \frac{8\,293}{900}$

ACTIVIDADES

30 Clasifica los siguientes números decimales en exactos, periódicos puros y periódicos mixtos y escribe los números periódicos de forma abreviada:

a. 5,132 22… d. −3,010 1… g. 4,383 7

b. 20,7 e. 9,999… h. −7,0333…

c. 0,555… f. −0,375 75… i. 82,444…

31 Ordena de menor a mayor:

a. $3{,}18\ ;\ 3{,}\widehat{1}\ ;\ 3{,}1\widehat{7}\ ;\ 3{,}1\widehat{75}\ ;\ 3{,}\widehat{18}\ ;\ 3{,}1\widehat{8}$

b. $-0{,}\widehat{7}\ ;\ -0{,}\widehat{69}\ ;\ -0{,}\widehat{71}\ ;\ -0{,}\widehat{6}\ ;\ -0{,}7\ ;\ -0{,}\widehat{70}$

32 Sin hacer la división, determina el tipo de número decimal que representan estas fracciones:

a. $\frac{1}{4}$ c. $-\frac{3}{10}$ e. $-\frac{4}{15}$ g. $\frac{17}{30}$ i. $\frac{7}{12}$

b. $\frac{5}{11}$ d. $\frac{9}{14}$ f. $\frac{13}{25}$ h. $-\frac{5}{7}$ j. $\frac{2}{13}$

33 Obtén la fracción generatriz de los siguientes números decimales:

a. 3,6 c. 1,452 52… e. $3{,}26\widehat{81}$ g. 0,926

b. $1{,}\widehat{7}$ d. $6{,}\widehat{128}$ f. 0,363 6… h. 0,911 1...

34 Expresa en forma de fracción y calcula.

a. $0{,}2 + 0{,}\widehat{2}$ c. $0{,}0\widehat{7} : \left(1{,}2 - 0{,}\widehat{8}\right)$

b. $1{,}\widehat{3} - 2{,}3 \cdot 0{,}\widehat{3}$ d. $\left(0{,}\widehat{4} + 0{,}1\widehat{5}\right) \cdot \left(0{,}9 - 0{,}\widehat{7}\right)$

35 Calcula las expresiones.

a. $\frac{3}{2} + 0{,}\widehat{5}$ c. $\left(0{,}\widehat{3}\right)^2 \cdot 0{,}9 : 0{,}00\widehat{4}$

b. $\left(3{,}4 - \frac{7}{5}\right) \cdot 4{,}\widehat{08}$ d. $\left(4{,}\widehat{2} - 3{,}\widehat{5}\right)^3$

36 Entre tu compañero y tú, calculad la fracción generatriz del número $0{,}\widehat{9}$ e intentad razonar por qué se obtiene ese valor.

HERRAMIENTAS TECNOLÓGICAS

Operaciones con fracciones con Wiris

Wiris es un programa informático que facilita los cálculos matemáticos. Es como una calculadora que efectúa operaciones aritméticas, algebraicas, etc., además de realizar gráficos.

Para operar, se accede al menú Operaciones, donde pueden verse los siguientes iconos:

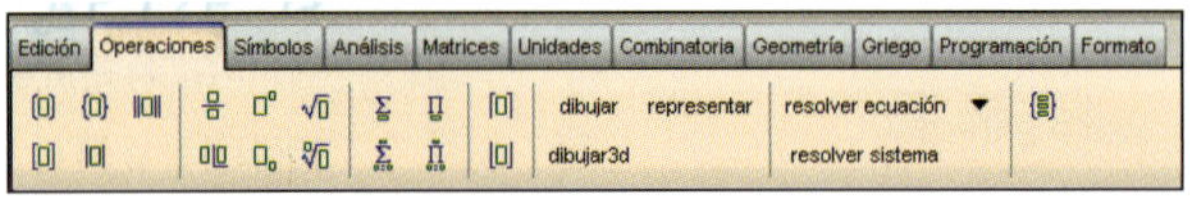

Wiris permite operar con fracciones de las siguientes formas:

- Mediante el símbolo /. Se escribe el numerador, luego el símbolo / y, a continuación, el denominador.
- Con el icono $\frac{\square}{\square}$. Haciendo clic en este icono, aparece la fracción para que completemos los huecos del numerador y el denominador.
- Mediante las teclas Ctrl + /. Pulsando Ctrl a la vez que /, aparece el mismo icono explicado en el punto anterior para rellenar con el numerador y el denominador.

Si después de introducir las fracciones se pulsa en =, Wiris nos devuelve su **fracción irreducible.** (A)

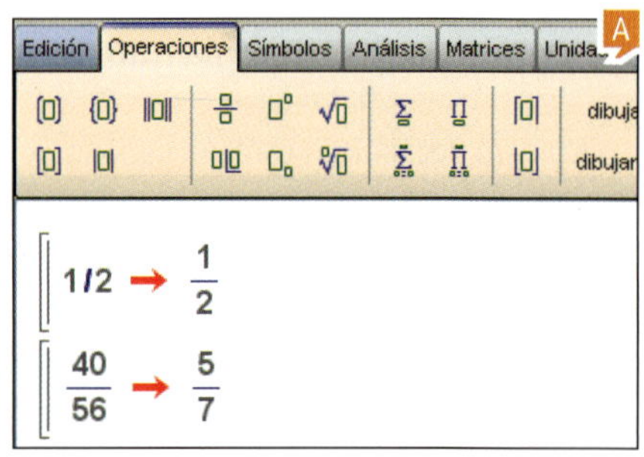

Operaciones con números fraccionarios

Esta aplicación nos permite realizar las distintas operaciones aritméticas. Para **sumar** y **restar** números fraccionarios, se introducen las operaciones con las teclas correspondientes del teclado y las fracciones como acabamos de ver.

El comando **coc(a,b)** calcula la parte entera de la división de a:b, pero no permite escribir el resultado como fracción. Para escribir la división cuando operamos con fracciones, se pone el símbolo / como está escrito en el ejemplo.

Por su parte, al operar con **potencias,** primero se debe escribir el paréntesis, luego la fracción y, por último, el exponente con el icono $\square^{\square}$. (B)

Puedes comprobar en la pantalla que el programa da siempre la fracción irreducible del resultado.

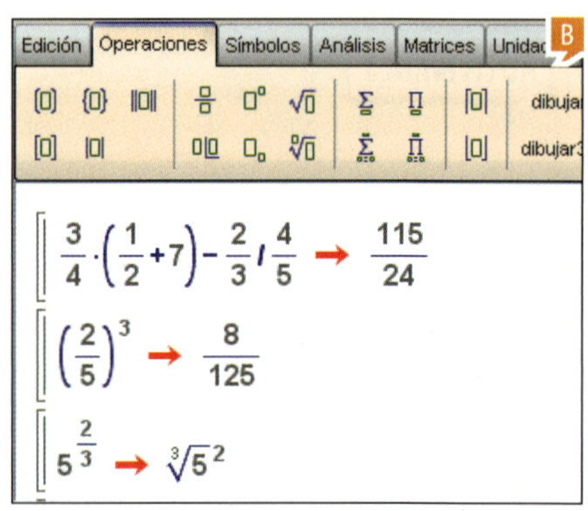

Conversión de números fraccionarios a decimales

Si se pone un punto tras el numerador o el denominador de la fracción, se obtiene su expresión decimal.

Ten en cuenta que el resultado se da con cinco cifras decimales como máximo, redondeando a la última cifra decimal. (C)

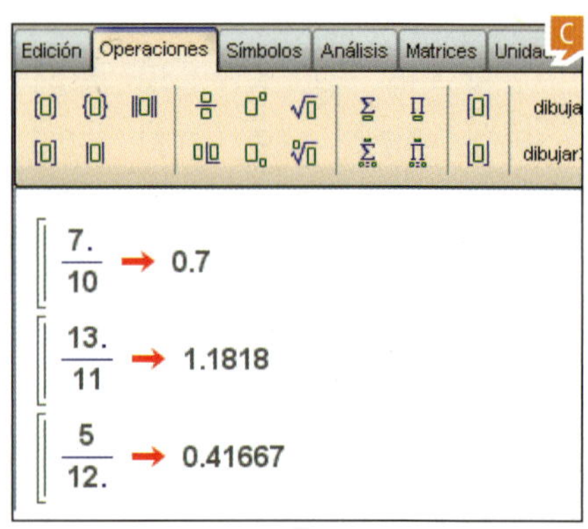

APRENDO A APRENDER

Copia, completa e ilustra en tu cuaderno el siguiente mapa conceptual y después contesta las preguntas. También lo puedes realizar en el ordenador con el programa **CmapTools.**

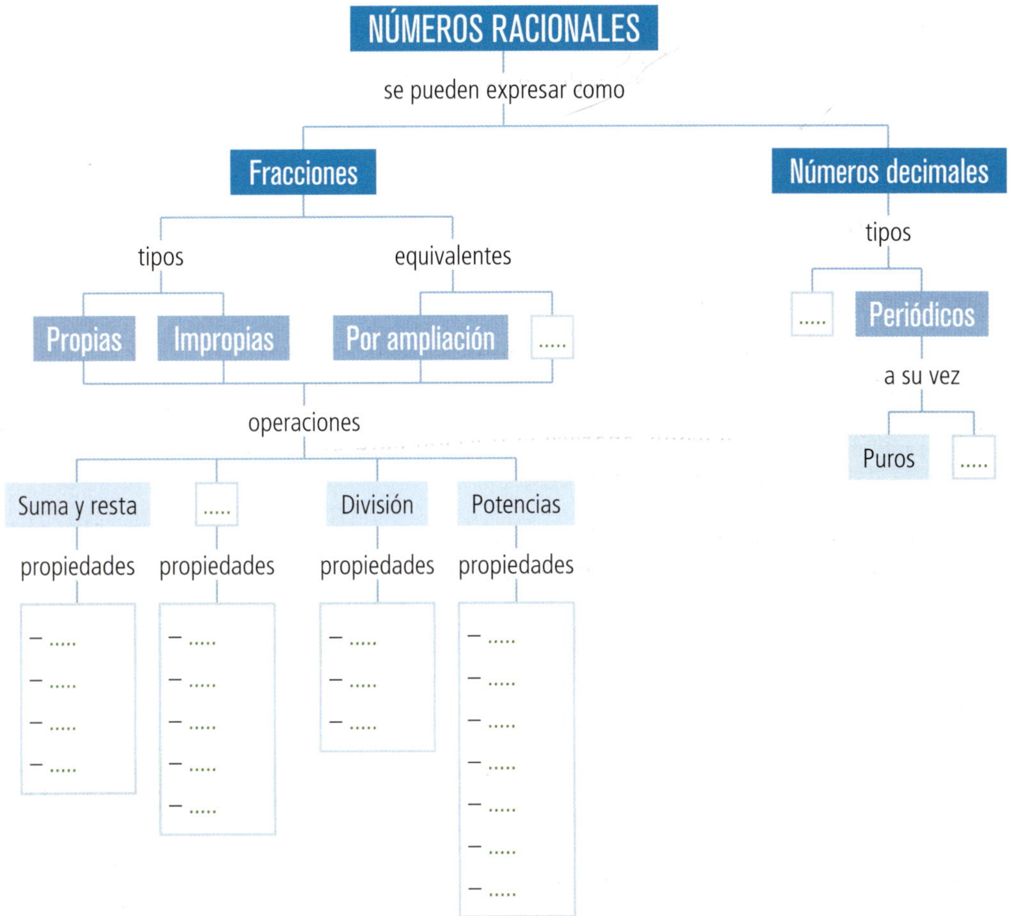

ACTIVIDADES

1 ¿Cuál es la diferencia entre decimales exactos y periódicos? ¿Y entre decimales periódicos puros y mixtos?

2 Di qué tipo de números decimales se pueden expresar como fracción. Justifica tu respuesta.

3 ¿Cuántas veces se puede simplificar una fracción? ¿Y ampliar?

4 ¿Cuál es el elemento neutro de la suma? ¿Y el de la multiplicación?

5 ¿Cuál es la diferencia entre fracción propia y fracción impropia?

6 ¿Se cumple la propiedad conmutativa para la suma de fracciones? ¿Y para la resta?

7 ¿Se cumple la propiedad asociativa para la multiplicación de fracciones? ¿Y para la división?

8 ¿Se pueden calcular las potencias de una fracción de exponente negativo? Justifica tu respuesta.

9 ¿Cuál es el elemento opuesto para la suma de fracciones? ¿Y el inverso para la multiplicación?

10 Realiza una presentación a tus compañeros. Puedes hacer un documento PowerPoint, utilizar Glogster…

REPASO FINAL

FRACCIONES Y NÚMEROS RACIONALES

1 Indica cuáles de las siguientes fracciones son equivalentes:

$$\frac{15}{9}, \frac{35}{21}, \frac{10}{7}, \frac{5}{3}, \frac{40}{23}, \frac{55}{33}$$

2 Dada la fracción $\frac{6}{7}$, halla:

a. Una fracción equivalente a ella cuyo denominador sea 91.

b. Una fracción equivalente a ella cuyo numerador sea un número comprendido entre 65 y 71.

REDUCCIÓN DE FRACCIONES A COMÚN DENOMINADOR. ORDENACIÓN Y COMPARACIÓN

3 Compara mentalmente las siguientes fracciones:

a. $\frac{3}{5}, \frac{2}{5}$ c. $\frac{-6}{7}, \frac{-2}{7}$ e. $\frac{-6}{7}, \frac{-6}{9}$

b. $\frac{5}{10}, \frac{4}{8}$ d. $\frac{3}{8}, \frac{3}{5}$ f. $\frac{-4}{12}, \frac{-3}{9}$

4 Dadas las fracciones $\frac{2}{3}, \frac{5}{6}, \frac{3}{4}$:

a. Ordénalas de mayor a menor.

b. Encuentra, si es posible, una fracción, $\frac{a}{b}$, que cumpla que $\frac{2}{3} < \frac{a}{b} < \frac{5}{6}$. Si la hay, ¿es única?

5 Tres equipos de fútbol están jugando un torneo. El equipo A ha marcado en los $\frac{5}{7}$ de sus lanzamientos a puerta; el equipo B, en los $\frac{4}{5}$, y el equipo C, en los $\frac{7}{8}$. ¿Cuál de los tres equipos tiene peor puntería?

6 En un examen de Matemáticas tipo test, Ana ha acertado los $\frac{4}{7}$ de las preguntas, y su compañero Juan, los $\frac{5}{9}$. ¿Quién de los dos ha obtenido la mejor nota?

7 Tres amigos piden una *pizza* para cenar. El primero se come $\frac{3}{8}$ de la *pizza;* el segundo, $\frac{1}{4}$, y el tercero, $\frac{3}{16}$. Si los tres amigos pagan según la cantidad de *pizza* que han consumido, ¿quién habrá pagado más?

SUMA Y RESTA DE NÚMEROS RACIONALES

8 Realiza las siguientes sumas y restas:

a. $\frac{1}{10} + \frac{5}{6} - \frac{9}{25}$ d. $\frac{1}{8} + \frac{5}{12} + \frac{7}{6}$

b. $\frac{3}{10} - \frac{3}{5} + 1$ e. $\frac{9}{16} - 3 - \frac{1}{10}$

c. $2 + \frac{4}{15} - \frac{1}{6} + \frac{3}{8}$ f. $\frac{7}{12} - \frac{1}{4} + \frac{3}{20} - \frac{8}{5}$

9 Calcula las siguientes operaciones y comprueba tus resultados con Wiris:

a. $\left(\frac{7}{12} + \frac{3}{8}\right) - \left(-\frac{11}{20}\right)$ d. $\left(\frac{1}{6} + 1\right) - \left(\frac{5}{6} - \frac{4}{15}\right) + \left(3 - \frac{9}{10}\right)$

b. $\left(-\frac{13}{18} + \frac{5}{24}\right) - 2$ e. $\frac{2}{9} - \left[\left(\frac{17}{36} - \frac{1}{8}\right) - \left(\frac{5}{6} - \frac{7}{12}\right)\right]$

c. $4 - \left(\frac{5}{6} - \frac{3}{8}\right)$ f. $\frac{1}{10} - \left(\frac{3}{5} - \frac{7}{6}\right) + \frac{1}{4}$

10 María se gastó el sábado los $\frac{2}{3}$ de su paga y el domingo $\frac{1}{5}$. Sabiendo que aún le quedan 4 €, ¿a cuánto asciende su paga?

MULTIPLICACIÓN Y DIVISIÓN DE NÚMEROS RACIONALES

11 Realiza las siguientes operaciones y comprueba tus resultados con Wiris:

a. $\frac{5}{8} \cdot \frac{6}{10}$ c. $-5 \cdot \left(-\frac{4}{3}\right) \cdot \frac{9}{10}$ e. $\frac{6}{7} : \frac{2}{7} : \left(-\frac{1}{3}\right)$

b. $4 : \left(-\frac{6}{10}\right)$ d. $-\frac{3}{8} : \frac{6}{11} \cdot \frac{1}{2}$ f. $\frac{1}{2} \cdot (-3) : \frac{9}{5}$

12 Un frasco de perfume tiene una capacidad de $\frac{1}{18}$ de litro. ¿Cuántos frascos de perfume se pueden llenar con el contenido de una botella de $\frac{2}{3}$ de litro?

POTENCIA Y JERARQUÍA DE OPERACIONES

13 Resuelve y comprueba tus resultados con Wiris:

a. $\frac{2}{3} : \left(\frac{-1}{2}\right)^2 - \left(\frac{3}{5} - \frac{1}{6}\right)$ c. $\frac{5}{4} + \left[-\left(-\frac{1}{6}\right) - \frac{3}{4} \cdot \left(-\frac{2}{9}\right)\right]$

b. $-\frac{4}{9} + \frac{2}{3} \cdot \left(\frac{2}{7} - 1\right)^{-1}$ d. $\left[2 : \left(\frac{-4}{3}\right) + 3 \cdot \left(\frac{-1}{5}\right)\right] : \frac{3}{5}$

EVALUACIÓN

ACTIVIDAD RESUELTA

14 Simplifica $\dfrac{\left(\frac{2}{3}\right)^3 \cdot \left(\frac{4}{9}\right)^2 \cdot \left(\frac{3}{2}\right)^{-1}}{\frac{8}{27} \cdot \left(-\frac{2}{3}\right)^2}$.

$$\frac{\left(\frac{2}{3}\right)^3 \cdot \left[\left(\frac{2}{3}\right)^2\right]^2 \cdot \left(\frac{2}{3}\right)}{\left(\frac{2}{3}\right)^3 \cdot \left(\frac{2}{3}\right)^2} = \frac{\left(\frac{2}{3}\right)^3 \cdot \left(\frac{2}{3}\right)^4 \cdot \left(\frac{2}{3}\right)}{\left(\frac{2}{3}\right)^3 \cdot \left(\frac{2}{3}\right)^2} = \frac{\left(\frac{2}{3}\right)^8}{\left(\frac{2}{3}\right)^5} = \left(\frac{2}{3}\right)^3$$

15 ⊕⊕ Simplifica y calcula el resultado.

a. $\dfrac{\left(\frac{5}{2}\right)^4 \cdot \left(\frac{25}{4}\right)^2 \cdot \left(\frac{125}{8}\right)^{-2}}{\left(\frac{2}{5}\right)^{-3} \cdot \left(\frac{5}{2}\right)^2}$ b. $\dfrac{3^{-2} \cdot \left(\frac{-1}{3}\right)^4 \cdot \left(\frac{1}{9}\right)^{-3}}{\left(\frac{2}{6}\right)^5 \cdot \left(\frac{3}{9}\right)^2 \cdot \left(\frac{1}{3}\right)^{-4}}$

16 ⊕ Las $\frac{2}{3}$ partes del cuaderno de Matemáticas de Magda están escritas. Del resto de hojas, ha arrancado las $\frac{4}{5}$ partes. Si aún le quedan 5 hojas, ¿cuántas tenía el cuaderno cuando lo compró?

17 → Visita esta página de Internet, en la que encontrarás actividades para repasar las operaciones con las fracciones:

http://www.aplicaciones.info/decimales/mates.htm#fraccion

EXPRESIONES DECIMALES. FRACCIÓN GENERATRIZ DE UNA EXPRESIÓN DECIMAL

18 Escribe dos números decimales comprendidos entre los siguientes pares de números:

a. $0{,}3$ y $0{,}\widehat{3}$ b. $3{,}\widehat{7}$ y $3{,}7\widehat{8}$ c. $-2{,}\widehat{64}$ y $-2{,}\widehat{63}$

19 Sin calcular la fracción generatriz, indica por qué no son posibles las igualdades:

a. $8{,}\widehat{41} = \dfrac{833}{90}$

b. $5{,}61\widehat{4} = \dfrac{5\,053}{990}$

20 ⊕ ¿Puede afirmarse que $0{,}\widehat{4} + 0{,}0\widehat{4} + 0{,}00\widehat{4} = 0{,}\widehat{444}$?

21 ⊕⊕ Calcula.

a. $0{,}4\widehat{5} - 0{,}\widehat{45}$ b. $1{,}\widehat{6} \cdot 2{,}\widehat{6} + 0{,}\widehat{3}$ c. $7{,}2 \cdot \dfrac{5}{12} - 2{,}\widehat{9}$

1 La fracción equivalente a la fracción $\frac{7}{6}$ es:

a. $-\frac{7}{6}$ b. $\frac{7}{54}$ c. $\frac{63}{54}$ d. $\frac{63}{6}$

2 La fracción irreducible de $\frac{594}{165}$ es:

a. $\frac{11}{15}$ b. $\frac{198}{55}$ c. $\frac{18}{5}$ d. $\frac{3}{5}$

3 De las fracciones $\frac{7}{5}, \frac{8}{3}, \frac{11}{6}, \frac{5}{4}$, ¿cuál es la mayor?

a. $\frac{7}{5}$ b. $\frac{8}{3}$ c. $\frac{11}{6}$ d. $\frac{5}{4}$

4 Indica cuál es el resultado de esta operación:

$$\frac{2}{3} - \left(-\frac{7}{12}\right) - 1 - \frac{3}{10}$$

a. $-\frac{1}{20}$ b. $-\frac{73}{60}$ c. $\frac{1}{20}$ d. $\frac{14}{15}$

5 El valor de $\left[\left(-\frac{1}{3}\right)^4 \cdot \frac{1}{9}\right] : \left[\left(\frac{1}{3}\right)^2\right]^3$ es:

a. $\left(\frac{1}{3}\right)^2$ b. $\left(-\frac{1}{3}\right)^2$ c. $\frac{1}{3}$ d. 1

6 Halla la fracción generatriz de $2{,}3\widehat{5}$.

a. $\frac{212}{99}$ b. $\frac{106}{45}$ c. $\frac{106}{495}$ d. $\frac{53}{225}$

7 Indica cuál de las siguientes afirmaciones sobre el número $8{,}0\widehat{32}$ es cierta:

a. Es un número racional, pero no entero.

b. Es un número racional y entero.

c. Es un número racional y natural.

d. Es un número natural, entero y racional.

8 Señala el resultado de la operación:

$$2 - \left(\frac{3}{5} + \frac{4}{15}\right) : \left(-\frac{2}{3}\right)^2$$

a. $\frac{1}{20}$ b. $\frac{218}{135}$ c. $\frac{79}{20}$ d. $\frac{322}{135}$

DIARIO DE APRENDIZAJE

¿Qué parte de la unidad me ha supuesto un mayor esfuerzo y dedicación?

02 Números reales

¿Qué conocimientos relacionados con esta unidad debería tener?

Cada una de esta imágenes representa un número irracional: π, e y Φ. Debatid en clase cuál puede ser la representación de cada uno e investigad sobre su origen y su valor.

01 Números reales. Representación

Ya hemos visto que existen números decimales con infinitas cifras no periódicas en la parte decimal. Estos números no se pueden expresar en forma de fracción y, por lo tanto, no son racionales.

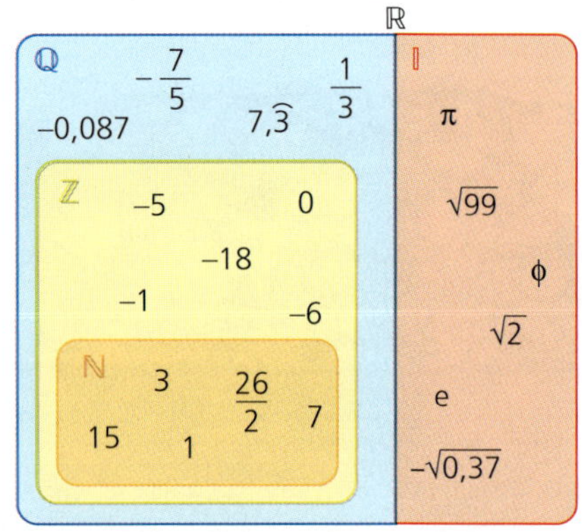

Los números que no son racionales reciben el nombre de **números irracionales.** El conjunto de estos números se representa mediante la letra 𝕀.

Existen infinitos números irracionales:

- Los números decimales no exactos ni periódicos, que son el resultado de efectuar operaciones con números irracionales: 8,010 203...; −7,524 179 2...
- Todas las raíces no exactas: $\sqrt{2}, \sqrt[3]{7}, -\sqrt[4]{3}$.
- El número π, que resulta de dividir la longitud de la circunferencia, L, y su diámetro, *d:* $\pi = \frac{L}{d} = 3,14159265...$
- El número áureo, Φ, que resulta de dividir la diagonal del pentágono regular, *d,* entre su lado, *l:* $\Phi = \frac{d}{l} = \frac{\sqrt{5}+1}{2} = 1,618034...$
- El número e (número de Euler), cuyas primeras cifras decimales son e = 2,718 281 828 ..., y que es uno de los números irracionales más importantes.

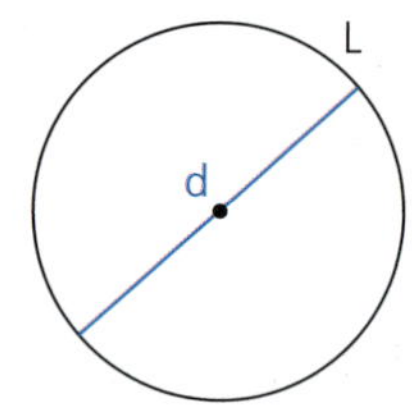

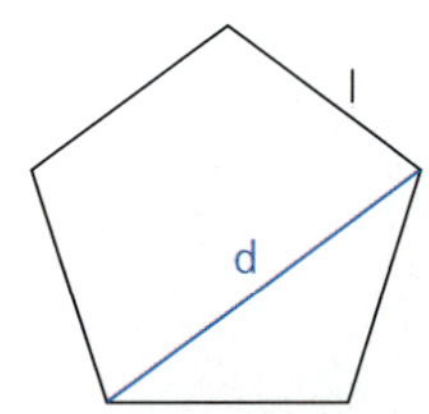

> Al conjunto formado por la unión de los números racionales y los irracionales se lo denomina conjunto de los **números reales** y se representa mediante la letra ℝ.

01.1 Representación de los números irracionales

La representación gráfica de los números irracionales que sean raíz cuadrada de un número natural se puede conseguir como suma de dos cuadrados perfectos.

Así, por ejemplo, para representar $\sqrt{10}$, ha de expresarse como $\sqrt{10} = \sqrt{1^2 + 3^2}$. Para ello, se siguen estos pasos:

Teorema de Pitágoras

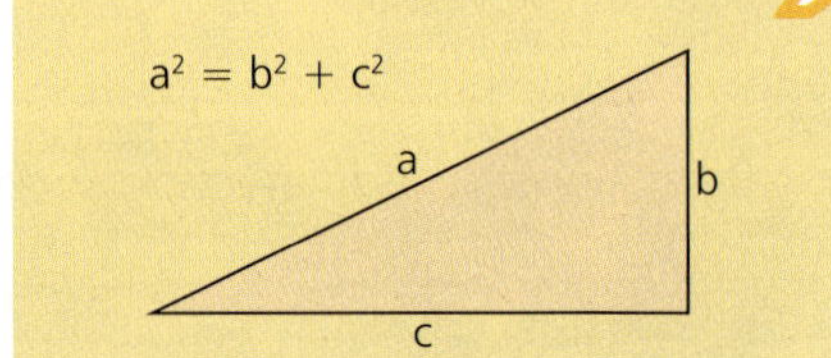

1 Se construye un rectángulo cuyos lados valgan 1 y 3 y se traza su diagonal:

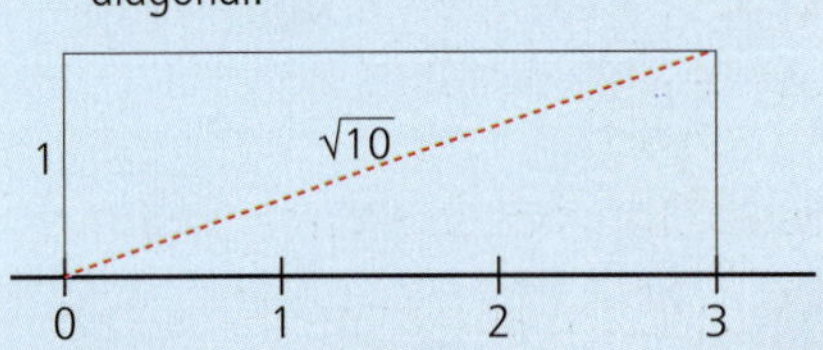

2 La diagonal del rectángulo es la hipotenusa de un triángulo rectángulo; por tanto, aplicando el teorema de Pitágoras, se obtiene:

$$d = \sqrt{1^2 + 3^2} = \sqrt{10}$$

3 Con el compás se traza un arco de circunferencia con centro en el punto 0 y que tenga por radio *d*, que corte la recta numérica en el punto $\sqrt{10}$:

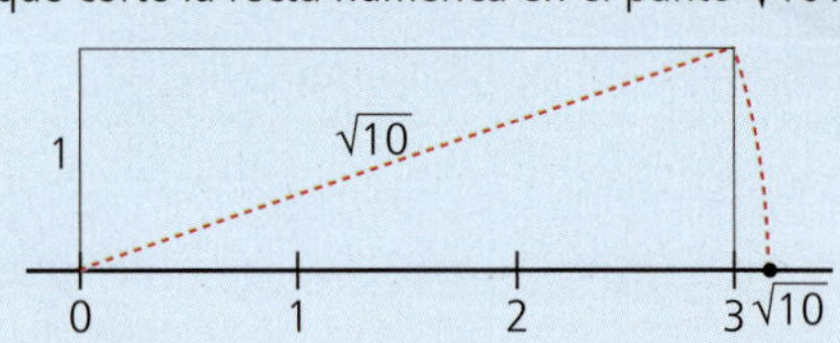

Al incorporar los números irracionales en la recta numérica, obtenemos la **recta real.** De esta forma, a cada punto de la recta numérica le corresponde un número real, y cada número real se puede representar en la recta numérica.

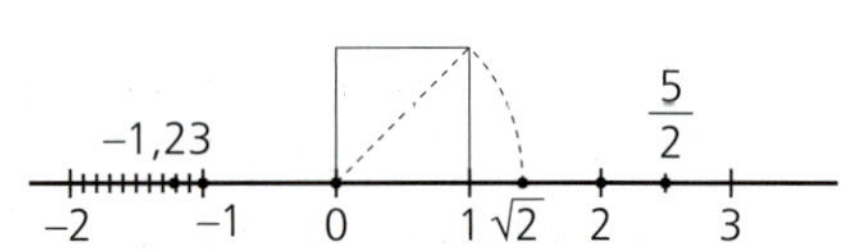

ACTIVIDADES

1 Copia esta tabla en tu cuaderno y clasifica los números en naturales, enteros, racionales, irracionales y reales. Ten en cuenta que un número puede pertenecer a más de una categoría.

	$\mathbb{N}$	$\mathbb{Z}$	$\mathbb{Q}$	$\mathbb{I}$	$\mathbb{R}$
$2,\widehat{5}$					
-6					
$\sqrt{3}$					
51,0908…					
$\frac{1}{4}$					
18					
$-3,0\widehat{9}$					
$\sqrt{-1}$					
9,333…					
17,2					

2 Entre tú y tu compañero, investigad si los siguientes números son racionales o irracionales:

a. $3\pi + 1$

b. $4e$

c. $\sqrt{2} - 3$

d. $\frac{3}{4} - 0,\widehat{5}$

e. $\frac{\sqrt{5}}{7}$

f. $(\pi + \sqrt{6}) \cdot \frac{3}{2}$

3 Indica si las siguientes afirmaciones son verdaderas o falsas. Razona tu respuesta.

a. Todos los números reales son racionales.

b. Todos los números racionales son reales.

c. Todos los números negativos son enteros.

d. Hay números decimales que no son reales.

e. Todos los números reales son racionales o irracionales.

4 Entre tú y tu compañero, encontrad dos números que cumplan las siguientes condiciones:

a. Son enteros, pero no naturales.

b. No son racionales, pero sí reales.

c. Son reales, pero no irracionales.

d. No son enteros, pero sí racionales.

5 ¿Es posible encontrar dos números enteros cuyo cociente sea 0,101 001 000…? ¿Y dos números racionales? Justifica ambas respuestas.

6 ¿A qué conjunto numérico pertenecen los siguientes números?

a. La diagonal de un cuadrado de 3 cm de lado.

b. La diagonal de un rectángulo de 8 cm de base y 6 cm de altura.

c. El lado de un cuadrado cuya área mide 5 cm^2.

d. La arista de un cubo cuyo volumen es de 10 cm^3.

7 Calcula las siguientes raíces con la calculadora y clasifica los resultados en números racionales o irracionales. ¿Alguno de estos números no es real? Razona tu respuesta.

a. $\sqrt{0,36}$

b. $\sqrt{2,34}$

c. $\sqrt[3]{2}$

d. $\sqrt[4]{0,0016}$

e. $\sqrt[5]{0,000001}$

f. $\sqrt[4]{-81}$

8 Clasifica estos números en racionales e irracionales:

a. 2,188 888 8…

b. 5,011 222 333 3…

c. −89,010 020 03…

d. 9,999 999 9…

e. 0,652 652 652…

f. −3,798 989 8…

9 Representa en la recta numérica los números irracionales $\sqrt{2}$, $\sqrt{13}$, $\sqrt{17}$.

10 Busca información sobre las distintas aproximaciones del número π utilizadas a lo largo de la historia por las distintas civilizaciones. Averigua quién utilizó por primera vez ese símbolo para representarlo y quién generalizó su uso.

11 Mide las dimensiones de un DNI y de un folio DIN A4. Divide, en ambos casos, el largo entre el ancho: $\frac{a}{b}$.

a. ¿Qué valor obtienes en ambas divisiones?

b. ¿A qué número irracional se aproxima?

12 Elaborad, en grupos, una presentación en PowerPoint sobre los números irracionales π, e y Φ, que incluya situaciones reales en las que aparezcan estos números.

02 Aproximación y errores. Notación científica

Los números irracionales y muchos números racionales vienen expresados con una cantidad infinita de cifras decimales, por lo que es imposible escribirlos de forma exacta. En estos casos se utiliza un valor aproximado del número. Al aproximar un número, está cometiéndose un error.

02.1 Aproximación

La aproximación puede ser **por defecto,** si el valor aproximado es menor que el número, y **por exceso,** si el valor aproximado es mayor que el número.

Reciben el nombre de **cifras significativas** aquellas con las que se expresa un número aproximado.

Se puede aproximar un número mediante dos **procedimientos:**

Por redondeo

Si la última cifra que se suprime es menor que 5, la cifra anterior se mantiene igual (aproximación por defecto), mientras que si es mayor o igual que 5, la anterior se incrementa en una unidad (aproximación por exceso).

Redondeo con tres cifras significativas (a la centésima)

$\sqrt{2} = 1,4142\ldots \Rightarrow 1,41$

$7,555\ldots \Rightarrow 7,56$

$2,816 \Rightarrow 2,82$

Por truncamiento

Se eliminan las cifras no significativas (aproximación siempre por defecto).

Truncamiento con tres cifras significativas (a la centésima)

$\sqrt{2} = 1,4142\ldots \Rightarrow 1,41$

$7,555\ldots \Rightarrow 7,55$

$2,816 \Rightarrow 2,81$

02.2 Errores

Para cuantificar el error cometido al aproximar un número hablamos de:

Error absoluto: es el que se comete al aproximar un número y es la diferencia entre el número exacto y el aproximado, en valor absoluto.

$$\text{Error absoluto } (E_a) = |\text{número exacto} - \text{número aproximado}|$$

Sin embargo, la información que proporciona el error absoluto no es suficiente.

Error relativo: es el cociente entre el error absoluto y el número exacto. El error relativo informa sobre la exactitud de la aproximación.

$$\text{Error relativo } (E_r) = \frac{\text{error absoluto}}{\text{número exacto}}$$

ACTIVIDAD RESUELTA

Aproxima a la unidad la altura de la torre Eiffel, que mide 357,5 m, y la altura de un árbol de 2,5 m. Calcula en ambos casos el error absoluto y el relativo cometidos y señala cuál es la aproximación más exacta.

Aprox. a la unidad	Error absoluto	Error relativo
Torre Eiffel: 358 m	$\|357,5 - 358\| = 0,5$ m	$\frac{0,5}{357,5} = 0,00139$
Árbol: 3 m	$\|2,5 - 3\| = 0,5$ m	$\frac{0,5}{2,5} = 0,2$

Aunque ambos errores absolutos son iguales, no es lo mismo cometer ese error al medir la torre Eiffel que al medir un árbol. Cuanto menor sea el error relativo, mejor será la aproximación. Por tanto, la aproximación de la altura de la torre Eiffel es mejor que la del árbol.

02.3 Notación científica

En matemáticas y en ciencias, a menudo se suelen usar números muy grandes o muy pequeños. Algunos ejemplos de este tipo de números son:

- La velocidad de la luz en el vacío es 300 000 000 m/s.
- La masa de un átomo de oxígeno es 0,000 000 000 000 000 000 000 026 561 g.

Para evitar el manejo de números con demasiadas cifras, se utiliza la **notación científica.**

Un número expresado en notación científica consta del producto de:

Un número decimal cuya parte entera está formada por una sola cifra distinta de cero. → $2{,}01 \cdot 10^5$ ← Una potencia de base 10 con exponente entero (llamado orden de magnitud).

Así, los ejemplos anteriores se expresan del siguiente modo:

- La velocidad de la luz en el vacío es $3 \cdot 10^8$ m/s.
- La masa de un átomo de oxígeno es $2{,}6561 \cdot 10^{-23}$ g.

Observa

Parte entera (solo una cifra ≠ 0)

$2{,}6561 \cdot 10^{-23}$

Parte decimal

Potencia de base 10 (exponente entero)

Para calcular $4{,}3 \cdot 10^5$, pulsa las teclas:

[4] [.] [3] [EXP] [5]

En la calculadora aparecerá como 4.3^5.

Recuerda

El resultado de una operación en notación científica siempre se expresa en es misma notación.

ACTIVIDADES

13 Redondea los siguientes números hasta cuatro cifras significativas:

a. 6,123 58 d. 0,659 8 g. 1,003 4

b. 9,923 4 e. 0,074 5 h. 3,000 99

c. 7,064 81 f. 15,671 2 i. 563,96

14 Aproxima por redondeo el número π con 2, 3 y 4 cifras significativas. ¿Cuál de las tres es la mejor aproximación? Razona tu respuesta.

15 Calcula los errores absoluto y relativo cometidos en la actividad 13.

16 Escribe en notación científica los siguientes números:

a. 7 425 000 d. 268,34

b. 0,000 000 89 e. 0,000 000 06

c. 10 000 000 000 f. 0,000 000 001

17 Escribe en forma decimal.

a. $3{,}85 \cdot 10^4$ c. $6 \cdot 10^{-4}$ e. 10^{-5}

b. $2{,}953 \cdot 10^{-8}$ d. $7{,}902 \cdot 10^8$ f. $4{,}005 \cdot 10^6$

ACTIVIDAD RESUELTA

18 Efectúa las siguientes operaciones en notación científica:

a. $2{,}345 \cdot 10^6 - 3{,}9 \cdot 10^4$ c. $(4{,}08 \cdot 10^7) : (1{,}2 \cdot 10^4)$

b. $(5{,}21 \cdot 10^3) \cdot (4{,}6 \cdot 10^5)$ d. $(3{,}5 \cdot 10^3)^2$

a. $2{,}345 \cdot 10^6 - 3{,}9 \cdot 10^4 = 234{,}5 \cdot 10^4 - 3{,}9 \cdot 10^4 = (234{,}5 - 3{,}9) \cdot 10^4 = 230{,}6 \cdot 10^4 = 2{,}306 \cdot 10^6$

b. $(5{,}21 \cdot 10^3) \cdot (4{,}6 \cdot 10^5) = (5{,}21 \cdot 4{,}6) \cdot 10^{3+5} = 23{,}966 \cdot 10^8 = 2{,}3966 \cdot 10^9$

c. $(4{,}08 \cdot 10^7) : (1{,}2 \cdot 10^4) = (4{,}08 : 1{,}2) \cdot 10^{7-4} = 3{,}4 \cdot 10^3$

d. $(3{,}5 \cdot 10^3)^2 = 3{,}5^2 \cdot (10^3)^2 = 12{,}25 \cdot 10^6 = 1{,}225 \cdot 10^7$

19 Realiza las siguientes operaciones en notación científica y comprueba las soluciones con la calculadora:

a. $4{,}76 \cdot 10^6 - 2{,}39 \cdot 10^6$ e. $(7{,}14 \cdot 10^{-5}) : (4{,}2 \cdot 10^3)$

b. $1{,}8 \cdot 10^{-3} + 9{,}34 \cdot 10^{-4}$ f. $(6{,}04 \cdot 10^4)^3$

c. $(8{,}7 \cdot 10^2) \cdot (1{,}6 \cdot 10^{-3})$ g. $(3{,}1 \cdot 10^{-1})^2 \cdot (6 \cdot 10^2)$

d. $\dfrac{1{,}3 \cdot 10^4 + 7 \cdot 10^4}{2 \cdot 10^{-2}}$ h. $\dfrac{(1{,}3 \cdot 10^4)^2}{10^5}$

03 Radicales

Cuando una raíz no es exacta, puede dejarse tal cual, sin suprimir la raíz —y se denomina entonces **radical**—, o expresarse como un número decimal.

Así, por ejemplo, en $\sqrt{5} = 2{,}236...$, el radical es $\sqrt{5}$, y el número decimal es 2,236...

03.1 Raíz enésima

La **raíz enésima** de un número *a*, $\sqrt[n]{a}$, es otro número, *b*, que elevado a la potencia *n* da como resultado *a*; es decir:

$$\sqrt[n]{a} = b \Leftrightarrow b^n = a$$

Nomenclatura

$$\sqrt[n]{a} = b \rightarrow \begin{cases} n \rightarrow \text{índice} \\ a \rightarrow \text{radicando} \\ \sqrt[n]{a} \rightarrow \text{radical} \\ b \rightarrow \text{raíz} \end{cases}$$

Según su índice, las raíces reciben el nombre de raíz cuadrada, cúbica, cuarta...

Es importante tener en cuenta que:

- Si $a \geq 0$, siempre se puede calcular $\sqrt[n]{a}$, para cualquier valor de *n*.
- Si $a < 0$, solo se pueden calcular los radicales de índice impar:

$$\sqrt[3]{-8} = 2, \text{ pues } (-2)^3 = -8$$

$\sqrt[4]{-16}$ no se puede calcular, pues no existe un número, *b*, tal que $b^4 = -16$

- Los radicales de índice impar tienen una sola raíz, mientras que los de índice par y radicando positivo tienen dos:

$$\sqrt[3]{8} = 2\ ;\ \sqrt[4]{16} = \begin{cases} 2, \text{ pues } 2^4 = 16 \\ -2, \text{ pues } (-2)^4 = 16 \end{cases}$$

Dependiendo del índice de la raíz, se escribirá:

- Raíz cuadrada: $\sqrt{16}$
  Pulsa las teclas: [√] [1] [6]
- Raíz cúbica: $\sqrt[3]{8}$
  Pulsa las teclas: [SHIFT] [∛] [8]
- Raíz de índice mayor que 3: $\sqrt[4]{16}$
  Pulsa estas teclas:
  [4] [SHIFT] [ˣ√] [1] [6]

03.2 Relación entre potencias y radicales

Los radicales pueden expresarse como potencias de exponente fraccionario, es decir:

$$\sqrt[n]{a} = a^{\frac{1}{n}}, \text{ pues } \left(\sqrt[n]{a}\right)^n = \left(a^{\frac{1}{n}}\right)^n \Rightarrow \sqrt[n]{a^n} = a^{\frac{n}{n}} \Rightarrow a = a$$

Generalizando esta relación, se tiene que $\sqrt[n]{a^m} = a^{\frac{m}{n}}$, donde el índice de la raíz, *n*, es el denominador de la fracción, y la potencia, *m*, el numerador.

Así, por ejemplo:

Potencia: 1 — Numerador: 1

$$\sqrt[3]{6} = 6^{\frac{1}{3}}$$

Índice: 3 — Denominador: 3

Potencia: 5 — Numerador: 5

$$\sqrt[4]{2^5} = 2^{\frac{5}{4}}$$

Índice: 4 — Denominador: 4

Propiedades de los radicales

Potencia de un radical

Es una potencia con exponente fraccionario cuyo numerador es el exponente del radicando y cuyo denominador es el índice de la raíz:

$$(\sqrt[n]{a})^m = \sqrt[n]{a^m} = a^{\frac{m}{n}} \Rightarrow (\sqrt[4]{2})^3 = \sqrt[4]{2^3} = a^{\frac{3}{4}}$$

Raíz de un radical

Es una potencia con exponente fraccionario cuyo numerador es el exponente del radicando y cuyo denominador es el producto de los índices de ambas raíces:

$$\sqrt[m]{\sqrt[n]{a}} = \sqrt[m\cdot n]{a} = a^{\frac{1}{m\cdot n}} \Rightarrow \sqrt[3]{\sqrt[4]{2}} = \sqrt[12]{2} = a^{\frac{1}{12}}$$

03.3 Simplificación de radicales

Los radicales pueden simplificarse, con lo que se obtienen **radicales equivalentes.**

Para simplificar radicales, se siguen estos pasos:

1. Se descomponen en productos de números primos el índice de la raíz y el exponente del radicando: $\sqrt[n\cdot p]{a^{m\cdot p}}$
2. Se expresa el radical como potencia de exponente fraccionario: $a^{\frac{m\cdot p}{n\cdot p}}$
3. Se simplifican los factores comunes: $a^{\frac{m\cdot \cancel{p}}{n\cdot \cancel{p}}} = a^{\frac{m}{n}}$
4. Se expresa la potencia como radical: $\sqrt[n]{a^m}$

Si el radicando está compuesto por varios factores, se simplifican el índice de la raíz y los exponentes de cada factor del radicando común a todos ellos:

$$\sqrt[n\cdot p]{a^{m\cdot p}\cdot b^{r\cdot p}} = \sqrt[n\cdot \cancel{p}]{a^{m\cdot \cancel{p}}\cdot b^{r\cdot \cancel{p}}} = \sqrt[n]{a^m\cdot b^r}$$

ACTIVIDADES

20 Calcula mentalmente, si es posible, estas raíces:

a. $\sqrt{25}$ b. $\sqrt[4]{81}$ c. $\sqrt[3]{27}$ d. $\sqrt[3]{-27}$ e. $\sqrt[7]{-1}$ f. $\sqrt[4]{10\,000}$ g. $\sqrt{0,01}$ h. $\sqrt[5]{32}$ i. $\sqrt[5]{0,000\,32}$ j. $\sqrt[4]{-16}$ k. $\sqrt[3]{\frac{216}{125}}$ l. $\sqrt[4]{\frac{1}{16}}$

21 Halla las siguientes raíces utilizando la calculadora e indica el resultado con cuatro cifras significativas:

a. $\sqrt{215}$ b. $\sqrt[3]{76}$ c. $\sqrt[4]{100}$ d. $\sqrt[5]{-108}$ e. $\sqrt[4]{-28}$ f. $\sqrt[3]{-62}$ g. $\sqrt[5]{237}$ h. $\sqrt[4]{265}$

22 Calcula el valor de x para que se cumplan las siguientes igualdades:

a. $2^5 = x$ b. $x^3 = -64$ c. $3^x = 81$ d. $(-5)^x = -125$ e. $\sqrt{x} = \frac{2}{3}$ f. $\sqrt[3]{x} = -1$

23 Escribe estas potencias en forma de radical y calcula el resultado:

a. $16^{\frac{3}{4}}$ b. $(-27)^{\frac{1}{3}}$ c. $125^{\frac{2}{3}}$ d. $64^{\frac{5}{6}}$

24 Efectúa las siguientes operaciones:

a. $(\sqrt[3]{5^2\cdot 7})^8$ b. $(\sqrt{3a})^3$ c. $(\sqrt[4]{3})^4$ d. $(\sqrt[4]{2})^{12}$

25 Realiza las operaciones.

a. $\sqrt[4]{\sqrt{2}}$ b. $\sqrt[3]{\sqrt[5]{6}}$ c. $\sqrt{(\sqrt[3]{7})^2}$ d. $(\sqrt[3]{\sqrt[4]{5}})^2$

26 Comprueba si las siguientes igualdades son ciertas:

a. $\sqrt[3]{2}\cdot\sqrt[4]{3} = \sqrt[12]{6}$ b. $\sqrt[4]{27} : \sqrt{3} = 3$

27 Simplifica estos radicales:

a. $\sqrt[12]{3^8}$ b. $\sqrt[20]{5^{10}}$ c. $\sqrt[6]{4^{10}}$ d. $\sqrt[18]{2^{16}}$ e. $\sqrt[4]{3^{10}\cdot 7^6}$ f. $\sqrt[8]{16x^4}$ g. $\sqrt[3]{216}$ h. $\sqrt[18]{64a^6b^3}$

04 Operaciones con radicales

Los radicales pueden expresarse como potencias de exponente fraccionario. Por ello, las propiedades de los radicales son consecuencia de la aplicación de las propiedades de las potencias.

04.1 Extracción de factores de un radical

Si se descompone el radicando en un producto de potencias de factores primos, y alguna de estas potencias tiene un exponente igual o mayor que el índice de la raíz, entonces alguno de los factores puede salir de la raíz, con lo que se obtiene un **radical equivalente.**

Así, por ejemplo, para extraer factores del radical $\sqrt{648}$, se han de seguir estos pasos:

1 Se descompone el radicando en un producto de potencias de factores primos:

$$\sqrt{648} = \sqrt{2^3 \cdot 3^4}$$

2 Se divide el exponente de cada factor de la raíz entre el índice de la raíz:

- El **cociente** de cada división es el exponente de cada factor que sale de la raíz.
- El **resto** de cada división es el exponente de cada factor que queda dentro de la raíz.

$2^3 \Rightarrow$ 3 entre 2: resto 1, cociente 1

- Resto (1): Número de 2 que quedan dentro de la raíz
- Cociente (1): Número de 2 que salen fuera de la raíz

$3^4 \Rightarrow$ 4 entre 2: resto 0, cociente 2

- Resto (0): Número de 3 que quedan dentro de la raíz
- Cociente (2): Número de 3 que salen fuera de la raíz

3 Luego:

$$\sqrt{648} = \sqrt{2^3 \cdot 3^4} = \sqrt{2^2 \cdot 2 \cdot (3^2)^2} = 2 \cdot 3^2 \sqrt{2} = 18\sqrt{2}$$

Sale un 2 — Salen dos 3

En la práctica

$$\sqrt{648} = \sqrt{2^3 \cdot 3^4} = \sqrt{2^2 \cdot 2 \cdot 3^2 \cdot 3^2} =$$
$$= \sqrt{2^2} \cdot \sqrt{2} \cdot \sqrt{3^2} \cdot \sqrt{3^2} =$$
$$= 2 \cdot \sqrt{2} \cdot 3 \cdot 3 = 18\sqrt{2}$$

Observa

Una vez extraídos todos los factores posibles, los exponentes de todos los factores de dentro del radicando son menores que el índice del radical.

ACTIVIDAD RESUELTA

Extrae todos los factores posibles fuera de la siguiente raíz: $\sqrt[3]{\dfrac{27a^{10}b^3}{32c^7}}$.

$$\sqrt[3]{\frac{27a^{10}b^3}{32c^7}} = \sqrt[3]{\frac{3^3a^{10}b^3}{2^5c^7}} = \frac{3a^3b}{2c^2}\sqrt[3]{\frac{a}{2^2c}}$$

Si el factor que se extrae está en el numerador, se pone en el numerador, y, si está en el denominador, se pone en el denominador.

04.2 Introducción de factores en un radical

El proceso para introducir factores de un radical es el contrario al seguido para extraer factores. Al introducir factores en el radical, se obtiene un **radical equivalente.**

Así, por ejemplo, para introducir $2a^4$ en el radical $\sqrt[3]{5a^2}$, se siguen estos pasos:

1 Se introduce cada factor, elevándolo al índice de la raíz:

$$2a^4\sqrt[3]{5a^2} = \sqrt[3]{2^3\left(a^4\right)^3 5a^2}$$

2 Se realizan las operaciones, aplicando las propiedades de las potencias:

$$2a^4\sqrt[3]{5a^2} = \sqrt[3]{2^3\left(a^4\right)^3 5a^2} = \sqrt[3]{2^3 a^{12} 5a^2} = \sqrt[3]{2^3 \cdot 5a^{14}} = \sqrt[3]{40a^{14}}$$

Propiedad: potencia de una potencia.

Propiedad: producto (o división) de potencias con la misma base.

ACTIVIDAD RESUELTA

Introduce los factores en la raíz: $\frac{5a^2}{3^2b}\sqrt[4]{\frac{3b}{a^3}}$.

$$\frac{5a^2}{3^2b}\sqrt[4]{\frac{3b}{a^3}} = \sqrt[4]{\frac{5^4\left(a^2\right)^4 3b}{\left(3^2\right)^4 b^4 a^3}} = \sqrt[4]{\frac{5^4a^8 3b}{3^8b^4a^3}} = \sqrt[4]{\frac{5^4a^5}{3^7b^3}} = \sqrt[4]{\frac{625a^5}{2187b^3}}$$

Se eleva cada factor al índice de la raíz. Si está en el numerador, se introduce en el numerador, y, si está en el denominador, se introduce en el denominador.

Se aplica la propiedad de las potencias: potencia de una potencia.

Se aplican las propiedades del producto y el cociente de potencias de la misma base.

ACTIVIDADES

28 Extrae todos los factores que puedas de los siguientes radicales:

a. $\sqrt{32}$ c. $\sqrt[3]{81}$ e. $\sqrt{125}$ g. $\sqrt{\frac{8}{27}}$

b. $\sqrt[4]{64}$ d. $\sqrt[4]{224}$ f. $\sqrt[5]{486}$ h. $\sqrt[3]{\frac{16}{125}}$

29 Extrae los factores que puedas de estos radicales:

a. $\sqrt{5^3}$ d. $\sqrt[3]{x^{17}y^{27}}$ g. $\sqrt[5]{32a^5b^{10}c^{15}}$

b. $\sqrt[3]{2^8}$ e. $\sqrt{3^{14}\cdot 5^{27}}$ h. $\sqrt{\frac{4a^4}{25c^8}}$

c. $\sqrt[5]{3^4\cdot 5^5}$ f. $\sqrt[6]{13^{21}\cdot 17^{43}}$ i. $\sqrt{\frac{2^{17}}{5^{15}}}$

30 Introduce el factor dentro de la raíz y, si es posible, simplifica.

a. $5\sqrt{5}$ d. $9\sqrt[3]{10}$ g. $2\sqrt[3]{4}$ j. $2x^2\sqrt[4]{x^3}$

b. $3\sqrt[4]{6}$ e. $7^2\sqrt{7}$ h. $x\sqrt{2x}$ k. $4x\sqrt[3]{2x^2y}$

c. $\frac{3}{2}\sqrt[3]{16}$ f. $2\sqrt[3]{\frac{1}{16}}$ i. $x^3\sqrt{3y}$ l. $\frac{ab^2}{c^4}\sqrt[3]{\frac{ac^2}{b}}$

31 Copia en tu cuaderno y encuentra el valor de R para que la igualdad sea cierta.

a. $\sqrt[4]{128} = R\sqrt[4]{2^3}$ d. $R\sqrt[4]{3xy^3} = \sqrt[4]{3^{17}x^5y^3}$

b. $5\sqrt[3]{R} = \sqrt[3]{500}$ e. $Ry^2\sqrt[3]{3x^2y} = \sqrt[3]{24x^5R}$

c. $\sqrt{3R} = a^2\sqrt{3}$ f. $\frac{R}{b^2}\sqrt{5ab} = \sqrt{\frac{20a^7}{R}}$

04.3 Radicales semejantes

Dos radicales son **semejantes** si tienen el mismo índice y el mismo radicando.

Pueden diferenciarse únicamente en el coeficiente que los multiplica.

Así, por ejemplo:

- $4\sqrt[5]{10}$ y $2\sqrt[4]{10}$ no son semejantes, pues tienen distinto índice de raíz, 5 y 4, respectivamente.
- $\sqrt[4]{2}$ y $3\sqrt[4]{7}$ no son semejantes, pues tienen distinto radicando, 2 y 7, respectivamente.
- $2\sqrt[3]{5}$ y $7\sqrt[3]{5}$ son semejantes, pues tienen el mismo índice, 3, y el mismo radicando, 5.

Para determinar si son semejantes, primero se simplifica (si es posible) y luego se extraen los factores de los radicales.

Así, por ejemplo, los radicales $5\sqrt{2}$, $3\sqrt{8}$, $\sqrt{\sqrt{64}}$ son semejantes, pues, una vez simplificados y tras extraer todos los factores posibles, se obtiene como radical $\sqrt{2}$:

$$5\boxed{\sqrt{2}} \qquad 3\sqrt{8} = 3\sqrt{2^3} = 3\cdot 2\sqrt{2} = 6\boxed{\sqrt{2}} \qquad \sqrt{\sqrt{64}} = \sqrt[4]{2^6} = \sqrt[2\cdot 2]{2^{2\cdot 3}} = \sqrt{2^3} = 2\boxed{\sqrt{2}}$$

Curiosidad

En el siglo XVI, el matemático alemán Christoff Rudolff introdujo el uso del símbolo √ para representar la raíz cuadrada. Parece ser que era la escritura rápida de una *r* inicial de *radix*.

04.4 Suma y resta de radicales

Para **sumar** o **restar radicales,** estos deben ser **semejantes.** Se realiza la suma o resta de los coeficientes respectivos y se multiplica el resultado por el radical común:

$$p\sqrt[n]{a} + q\sqrt[n]{a} = (p+q)\sqrt[n]{a}$$

Si los radicales no son semejantes, la suma o la resta se deja indicada.

ACTIVIDAD RESUELTA

Efectúa las siguientes sumas y restas de radicales: **a.** $-2\sqrt[4]{3} + 6\sqrt{3} - \frac{1}{3}\sqrt[4]{3}$ **b.** $\sqrt[3]{54} + 7\sqrt[3]{16}$

a. $-2\sqrt[4]{3} + 6\sqrt{3} - \frac{1}{3}\sqrt[4]{3} = \left(-2 - \frac{1}{3}\right)\sqrt[4]{3} + 6\sqrt{3} = -\frac{7}{3}\sqrt[4]{3} + 6\sqrt{3}$

Solo son semejantes el primer y el tercer sumando. Se realiza la operación y se deja indicada la suma del radical que no es semejante.

b. Se simplifican los radicales para obtener otros equivalentes. Con este fin:

$$\sqrt[3]{54} + 7\sqrt[3]{16} = \sqrt[3]{2\cdot 3^3} + 7\sqrt[3]{2^4} = 3\sqrt[3]{2} + 7\cdot 2\sqrt[3]{2} = 17\sqrt[3]{2}$$

Se descomponen los radicandos en producto de potencias de factores primos.

Se extraen los factores posibles.

ACTIVIDADES

32 Indica si los siguientes radicales son semejantes:

a. $5\sqrt{3},\ 2\sqrt{3}$

b. $-\sqrt[5]{6},\ 3\sqrt[5]{6},\ \sqrt[5]{8}$

c. $\sqrt[3]{2^4 \cdot 3^5},\ \sqrt[3]{2^5\, 3^4}$

d. $3\sqrt[4]{2^7},\ 3\sqrt[7]{2^4}$

33 Averigua si estos radicales son semejantes:

a. $\sqrt{32},\ -\sqrt{72},\ \sqrt{128}$

b. $\sqrt{3},\ 2\sqrt{27},\ \sqrt{81}$

c. $3\sqrt[3]{56},\ \sqrt[3]{189},\ 5\sqrt[3]{7}$

d. $3\sqrt[4]{25},\ 8\sqrt{5},\ \sqrt[3]{125}$

e. $a\sqrt{3b},\ \sqrt{3a^4b},\ \sqrt{3b^3}$

f. $\sqrt{24ab^2},\ 3\sqrt{12a}$

34 Copia en tu cuaderno y encuentra el valor de R para que los siguientes radicales sean semejantes:

a. $\sqrt{45},\ \sqrt{3^R \cdot 5}$

b. $4\sqrt{27},\ 2\sqrt{R^5}$

c. $\sqrt{2^5 \cdot R^7},\ \sqrt{5^3 \cdot R^9}$

d. $\sqrt[3]{2^6 \cdot R},\ \sqrt[3]{24}$

e. $\sqrt[4]{7^3},\ \sqrt[R]{7^6}$

f. $\sqrt[5]{2^4},\ \sqrt[3]{\sqrt[R]{2^{12}}}$

35 Estudia si los siguientes radicales son equivalentes:

a. $\sqrt{2},\ \sqrt[4]{4},\ \sqrt[8]{16}$

b. $\sqrt{\sqrt[3]{25}},\ \left(\sqrt{5}\right)^3$

c. $\sqrt{9},\ \sqrt[3]{27},\ \sqrt[4]{81}$

d. $\left(\sqrt[4]{x}\right)^3,\ \sqrt[6]{x^4}$

36 Resuelve las siguientes sumas y restas de radicales:

a. $3\sqrt{2} + 2\sqrt{2} - \sqrt{2}$

b. $-4\sqrt{3} - 5\sqrt{3} - 2\sqrt{3}$

c. $\sqrt{7} - \left(2\sqrt{7} - 5\sqrt{7}\right)$

d. $\left(2\sqrt{5} + \sqrt{5}\right) - \left(8\sqrt{5} - \sqrt{5}\right)$

e. $\sqrt[4]{3} + 2\sqrt[4]{3} + 5\sqrt[4]{3}$

f. $\sqrt[4]{11} - 2\sqrt[4]{11} + \sqrt[4]{11}$

g. $-9\sqrt[5]{4} - 3\sqrt[5]{4} + \sqrt[5]{4}$

h. $7\sqrt[3]{2} - \sqrt[3]{2} - 6\sqrt[3]{2}$

37 Realiza estas operaciones con radicales:

a. $3\sqrt{5} + \frac{2}{3}\sqrt{5} - \sqrt{5}$

b. $\frac{4}{5}\sqrt{2} - 5\sqrt{2} + \frac{6}{5}\sqrt{2}$

c. $\frac{1}{2}\sqrt{3} - \frac{2}{5}\sqrt{3} - \frac{1}{4}\sqrt{3}$

d. $2\sqrt{5} - \left(\frac{2}{3}\sqrt{5} + \frac{5}{6}\sqrt{5}\right)$

e. $\frac{3}{10}\sqrt[3]{6} + 2\sqrt[3]{6} + \frac{2}{5}\sqrt[3]{6}$

f. $-\sqrt[4]{4} - \frac{3}{8}\sqrt[4]{4} - \frac{\sqrt[4]{4}}{6}$

g. $-\sqrt[4]{7} + 3\sqrt[4]{7} - \frac{\sqrt[4]{7}}{5}$

h. $\frac{\sqrt[3]{2}}{3} + \frac{2\sqrt[3]{2}}{15} + \frac{4\sqrt[3]{2}}{5}$

38 Expresa como un solo radical.

a. $\sqrt{8} + \sqrt{18}$ b. $4\sqrt{27} - 5\sqrt{12}$ c. $2\sqrt[3]{40} + \sqrt[3]{135}$

39 Efectúa las siguientes sumas y restas de radicales:

a. $5\sqrt{12} + 3\sqrt{27} - \sqrt{75}$

b. $-\sqrt{45} - 8\sqrt{20} + \sqrt{5}$

c. $\sqrt{48} + 5\sqrt{3} + \sqrt{147}$

d. $\sqrt{24} - \frac{1}{3}\sqrt{54}$

e. $\sqrt{\sqrt{64}} + \frac{2}{3}\sqrt{10} + \frac{2}{3}\sqrt{2}$

f. $-6\sqrt{8} - 3\sqrt{18} + 4\sqrt{15}$

ACTIVIDAD RESUELTA

40 Reduce todo lo posible $2\sqrt[3]{5} + 3\sqrt[6]{25} - \left(\sqrt[9]{5}\right)^3$.

$$2\sqrt[3]{5} + 3\sqrt[6]{25} - \left(\sqrt[9]{5}\right)^3 = 2\sqrt[3]{5} + 3\sqrt[6]{5^2} - \left(\sqrt[9]{5}\right)^3 =$$

Descomposición de los radicandos en un producto de factores primos.

Potencia de un radical.

$$= 2\sqrt[3]{5} + 3\sqrt[6]{5^2} - \sqrt[9]{5^3} = 2\sqrt[3]{5} + 3\sqrt[3]{5} - \sqrt[3]{5} = 4\sqrt[3]{5}$$

Simplificación de los radicales.

Suma de los radicales.

41 Reduce todo lo posible las siguientes sumas y restas:

a. $\sqrt[4]{8} - 5\sqrt[8]{64}$ b. $3\sqrt[3]{\sqrt{2}} - 5\sqrt[6]{2}$ c. $\left(\sqrt[4]{3}\right)^2 + 5\sqrt[6]{27}$

42 Comprueba si las siguientes igualdades son ciertas:

a. $\sqrt{16 + 25} = \sqrt{16} + \sqrt{25}$ b. $\sqrt[3]{27} - \sqrt[3]{8} = \sqrt[3]{27 - 8}$

43 Resuelve estas operaciones combinadas con radicales y simplifica el resultado todo lo posible:

a. $7\sqrt{2} \cdot \sqrt{5} + \frac{\sqrt{20}}{\sqrt{2}} - \left(\sqrt{8}\right)^3 \cdot \sqrt{5}$

b. $-5\sqrt[3]{\sqrt{8}} + 3\sqrt{32} - \sqrt{3} \cdot \sqrt{15}$

c. $\sqrt{5} \cdot \left(\sqrt{2} + \sqrt{3}\right) - \sqrt{3} \cdot \left(\sqrt{125} - \sqrt{30}\right)$

d. $\frac{\sqrt[3]{2}}{\sqrt[4]{4} \cdot \sqrt{8}} - 6\sqrt[3]{\sqrt{8}} + \left(5\sqrt[12]{2}\right)^4$

04.5 Reducción a índice común

Reducir a índice común dos o más radicales es encontrar radicales equivalentes a los dados que tengan el mismo índice.

La reducción a común índice permite comparar y ordenar radicales, así como multiplicarlos y dividirlos.

Para reducir a común índice dos o más radicales, por ejemplo $\sqrt[6]{3}$, $\sqrt[4]{5}$, $\sqrt[3]{2^2}$, se siguen estos pasos:

1 Se busca el m.c.m. de los índices de las raíces. Este será el índice común de todos los radicales.

De este modo, m.c.m. (6 , 4 , 3) = 12.

$\sqrt[6]{3} = \sqrt[12]{3^{\square}}$, $\sqrt[4]{5} = \sqrt[12]{5^{\square}}$,

$\sqrt[3]{2^2} = \sqrt[12]{(2^2)^{\square}}$

2 Los nuevos radicandos se obtienen al elevar los radicandos al resultado de la división del índice común entre el índice correspondiente:

$\frac{12}{6} = 2$ $\quad \frac{12}{4} = 3$ $\quad \frac{12}{3} = 4$

$\sqrt[6]{3} = \sqrt[12]{3^2}$, $\sqrt[4]{5} = \sqrt[12]{5^3}$, $\sqrt[3]{2^2} = \sqrt[12]{(2^2)^4}$

3 Se realizan las operaciones dentro del radical, aplicando las propiedades de las potencias:

$\sqrt[6]{3} = \sqrt[12]{3^2} = \sqrt[12]{9}$

$\sqrt[4]{5} = \sqrt[12]{5^3} = \sqrt[12]{125}$

$\sqrt[3]{2^2} = \sqrt[12]{(2^2)^4} = \sqrt[12]{2^8} = \sqrt[12]{256}$

04.6 Multiplicación y división de radicales

Para **multiplicar** o **dividir radicales**, es necesario que tengan el **mismo índice de raíz.**

- Si tienen el **mismo índice de raíz**, el resultado es un radical con el mismo índice cuyo radicando es el producto o cociente de los radicandos.
- Si tienen **distinto índice de raíz**, hay que reducirlos primero a radicales equivalentes con el índice de raíz común.

Recuerda

$(a\sqrt[n]{b}) \cdot (c\sqrt[n]{d}) = a \cdot c\sqrt[n]{b \cdot d}$

$\frac{a\sqrt[n]{b}}{c\sqrt[n]{d}} = \frac{a}{c}\sqrt[n]{\frac{b}{d}}$

ACTIVIDAD RESUELTA

Realiza las siguientes operaciones:

a. $\sqrt[3]{5} \cdot \sqrt[3]{2}$ b. $\sqrt[6]{2} \cdot \sqrt[10]{3}$ c. $\frac{\sqrt[3]{32}}{\sqrt[3]{4}}$

a. Como tienen el mismo índice de raíz, se obtiene una raíz con ese índice cuyo radicando es el producto de los radicandos:

$$\sqrt[3]{5} \cdot \sqrt[3]{2} = \sqrt[3]{5 \cdot 2} = \sqrt[3]{10}$$

b. Como tienen distinto índice de raíz, se reducen a radicales equivalentes con el índice de raíz común y luego se opera:

$$\sqrt[6]{2} \cdot \sqrt[10]{3} = \sqrt[30]{2^5} \cdot \sqrt[30]{3^3} = \sqrt[30]{2^5 \cdot 3^3} = \sqrt[30]{32 \cdot 27} = \sqrt[30]{864}$$

c. Como tienen el mismo índice de raíz, el resultado es una raíz con ese índice cuyo radicando es el cociente de los radicandos:

$$\frac{\sqrt[3]{32}}{\sqrt[3]{4}} = \sqrt[3]{\frac{32}{4}} = \sqrt[3]{8} = 2$$

ACTIVIDADES

44 Reduce a común índice los radicales siguientes:

a. $\sqrt{2}, \sqrt[4]{3}, \sqrt[3]{5}$

b. $\sqrt[4]{10}, \sqrt[6]{5}$

c. $\sqrt[3]{4}, \sqrt[6]{6}, \sqrt[8]{2}$

d. $\sqrt[3]{2^2}, \sqrt[4]{5^3}, \sqrt[5]{3^2}, \sqrt[6]{5}$

45 Reduce a común índice.

a. $\sqrt{a}, \sqrt[4]{b^3}, \sqrt[8]{c^5}$

b. $\sqrt[5]{x^3}, \sqrt[6]{x^5}, \sqrt[3]{x^2}$

c. $\sqrt[3]{2^2x^2y^5}, \sqrt[4]{3xy^3}, \sqrt[5]{2^3x^4y}$

d. $\sqrt[8]{a^3b^5}, \sqrt[12]{a^7b^5}, \sqrt[10]{ab^3}$

46 Ordena de menor a mayor los siguientes radicales:

a. $\sqrt{3}, \sqrt[3]{3}, \sqrt[5]{3}$

b. $\sqrt[6]{6}, \sqrt[4]{5}, -\sqrt[8]{7}, \sqrt{2}$

c. $\sqrt[4]{2^7}, \sqrt[9]{2^5}, \sqrt[12]{2^{11}}$

d. $-\sqrt[15]{a^3}, \sqrt[10]{a^7}, -\sqrt[12]{a^5}, \sqrt[9]{a^4}$

47 Comprueba, con ayuda de la calculadora, los resultados de los apartados a, b y c de la actividad anterior.

48 Multiplica los siguientes radicales y simplifica los resultados siempre que sea posible:

a. $\sqrt{5} \cdot \sqrt{3}$

b. $4\sqrt{7} \cdot 2\sqrt{3}$

c. $\sqrt{2} \cdot \sqrt{5} \cdot \sqrt{11}$

d. $\sqrt[3]{2^2} \cdot \sqrt[3]{2}$

e. $2\sqrt[5]{3^2} \cdot \sqrt[5]{3^2}$

f. $\sqrt[4]{2 \cdot 5} \cdot \sqrt[4]{5}$

g. $\sqrt[3]{5^2} \cdot 3\sqrt[3]{5}$

h. $\sqrt[8]{3^3} \cdot \sqrt[8]{3}$

i. $3\sqrt{2} \cdot \sqrt{7}$

49 Realiza las siguientes multiplicaciones:

a. $\sqrt{3} \cdot \sqrt[3]{5}$

b. $\sqrt{5} \cdot \sqrt[4]{2}$

c. $5\sqrt[3]{2} \cdot \sqrt[4]{3}$

d. $2\sqrt[3]{6} \cdot 3\sqrt[4]{9}$

e. $\sqrt[3]{20} \cdot \sqrt[6]{10}$

f. $\sqrt[6]{5} \cdot \sqrt[8]{2}$

g. $\sqrt[3]{2} \cdot 5\sqrt[9]{16}$

h. $\sqrt[3]{3} \cdot \sqrt[4]{8}$

i. $\sqrt{3} \cdot \sqrt{5} \cdot \sqrt[3]{4}$

50 Realiza las siguientes multiplicaciones y simplifica los resultados:

a. $\sqrt[3]{81} \cdot \sqrt{3}$

b. $\sqrt[4]{12} \cdot \sqrt[3]{4}$

c. $\sqrt[3]{25} \cdot \sqrt[5]{125}$

d. $7\sqrt[4]{8} \cdot \sqrt{2}$

e. $3\sqrt[8]{2} \cdot 5\sqrt[10]{32}$

f. $\sqrt[3]{25} \cdot \sqrt[5]{25}$

g. $-3\sqrt[6]{32} \cdot \sqrt[9]{128}$

h. $\sqrt{40} \cdot \sqrt[3]{4}$

i. $\sqrt{6} \cdot \sqrt[3]{4} \cdot \sqrt[4]{27}$

51 Realiza las siguientes divisiones de radicales:

a. $\dfrac{\sqrt{27}}{\sqrt{3}}$

b. $\dfrac{\sqrt{32}}{\sqrt{2}}$

c. $\dfrac{\sqrt[3]{4}}{\sqrt[3]{2}}$

d. $\dfrac{6\sqrt[4]{12}}{2\sqrt[4]{4}}$

e. $\dfrac{\sqrt[3]{20}}{\sqrt[3]{15}}$

f. $\dfrac{7\sqrt[5]{18}}{\sqrt[5]{8}}$

g. $\dfrac{\sqrt[4]{x^3}}{\sqrt[4]{x}}$

h. $\dfrac{8\sqrt[6]{x^5}}{2\sqrt[6]{x^4}}$

ACTIVIDAD RESUELTA

52 Realiza la siguiente operación $\dfrac{\sqrt[3]{x^2}}{\sqrt[5]{x}}$.

Como tienen distinto índice de raíz, se reducen a radicales equivalentes con el índice de raíz común y luego se opera:

$$\frac{\sqrt[3]{x^2}}{\sqrt[5]{x}} = \frac{\sqrt[15]{(x^2)^5}}{\sqrt[15]{x^3}} = \frac{\sqrt[15]{x^{10}}}{\sqrt[15]{x^3}} = \sqrt[15]{\frac{x^{10}}{x^3}} = \sqrt[15]{x^7}$$

53 Efectúa estas divisiones y simplifica los resultados:

a. $\dfrac{\sqrt[3]{4}}{\sqrt{2}}$

b. $\dfrac{\sqrt{10}}{\sqrt[4]{5}}$

c. $\dfrac{\sqrt[3]{6}}{\sqrt[4]{2}}$

d. $\dfrac{\sqrt{12}}{4\sqrt[3]{6}}$

e. $\dfrac{\sqrt[4]{2}}{\sqrt[6]{3}}$

f. $\dfrac{\sqrt[4]{8}}{\sqrt{3}}$

g. $\dfrac{\sqrt[5]{x^3}}{\sqrt{x}}$

h. $\dfrac{10\sqrt{x}}{2\sqrt[4]{x^3}}$

ACTIVIDAD RESUELTA

54 Efectúa las siguientes operaciones combinadas de radicales:

$$4\sqrt{3} \cdot \sqrt{2} + 3\sqrt{\sqrt{36}} - \frac{\sqrt{30}}{\sqrt{5}}$$

Se realizan las operaciones que se indican en cada sumando:

$$4\sqrt{3} \cdot \sqrt{2} + 3\sqrt{\sqrt{36}} - \frac{\sqrt{30}}{\sqrt{5}}$$

Producto de radicales con el mismo índice.

Raíz de un radical.

Cociente de radicales con el mismo índice.

$$4\sqrt{6} + 3\sqrt[4]{6^2} - \sqrt{6} = 4\sqrt{6} + 3\sqrt{6} - \sqrt{6} = 6\sqrt{6}$$

Simplificación del radical.

Suma y resta de radicales semejantes.

55 Resuelve estas operaciones combinadas con radicales:

a. $\left(\sqrt[3]{2}\right)^2 \cdot \sqrt{8} + 5\sqrt[6]{2}$

b. $\left(\sqrt{32} \cdot \sqrt{5}\right)^3 - \dfrac{\sqrt{50}}{\sqrt{5}}$

c. $\sqrt{3} \cdot \left(\sqrt{2} - \sqrt{5}\right) + \sqrt[3]{\sqrt{8}} \cdot \sqrt{3}$

d. $\dfrac{\sqrt[3]{25}}{\sqrt{5}} - 4\sqrt{\sqrt[3]{5}} + \left(3\sqrt[12]{5}\right)^2$

56 Halla el área de un triángulo de $\sqrt{2}$ cm de base y $\sqrt[3]{5}$ cm de altura.

HERRAMIENTAS TECNOLÓGICAS

Radicales y notación científica con Wiris

Una vez abierto el programa Wiris, accedemos al menú [Operaciones], desde donde puede operarse con potencias de exponente fraccionario y radicales, así como realizarse operaciones en notación científica.

Notación científica

Para escribir números en notación científica, emplearemos el icono para la potencia. Recuerda que, para escribir decimales, se usa el punto y no la coma. Por último, a la hora de operar con números expresados en notación científica, se utilizarán las teclas correspondientes del teclado, como vimos anteriormente. (A)

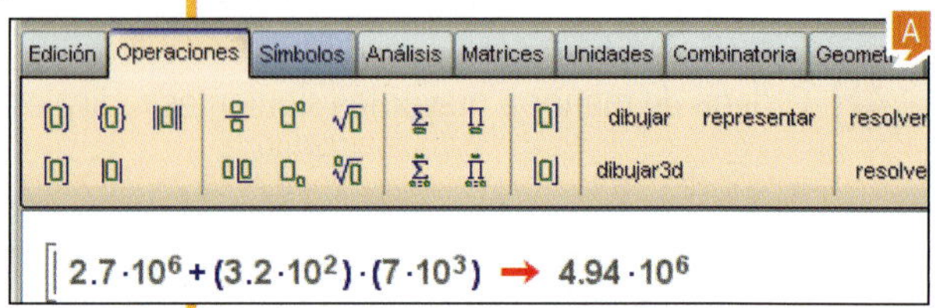

Potencias de exponente fraccionario

Esta aplicación permite expresar una potencia de exponente fraccionario en forma de radical. Para ello, se debe escribir primero la base de la potencia con el icono , seguido del icono . (B)

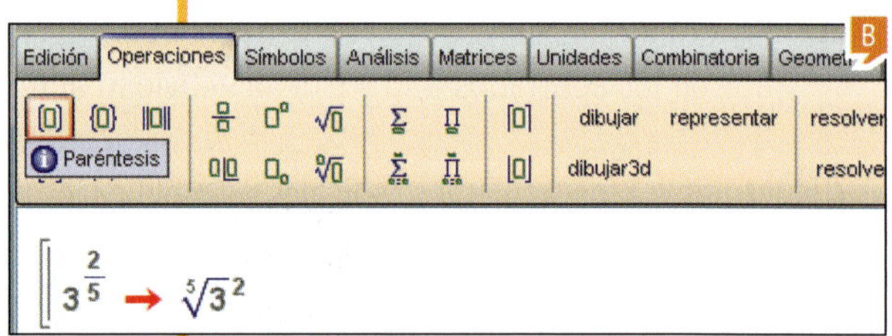

Cálculo de una raíz decimal

Para calcular una raíz en forma decimal, se selecciona el icono , si la raíz es cuadrada, o el icono , si la raíz tiene un índice mayor que dos. A continuación, se escriben el índice y el radicando de la raíz, seguidos de un punto. (C)

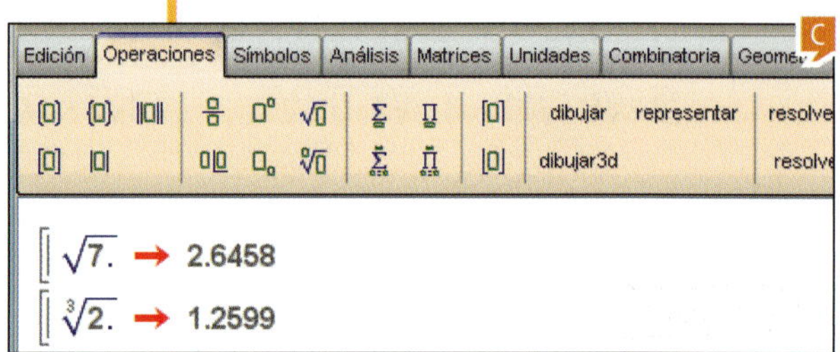

Simplificación de radicales y extracción de factores

Para simplificar o extraer factores de un radical, se escribe la función simplificar y entre paréntesis, con el icono , el radical. (D)

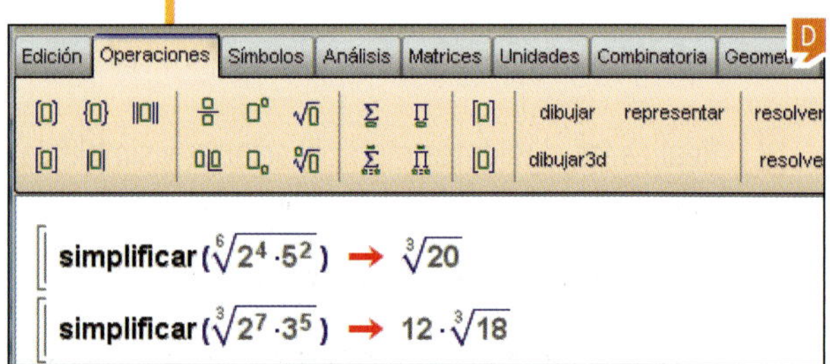

Operaciones con radicales

Elige para las raíces cuadradas y para las raíces no cuadradas. A continuación, escribe el índice y el radicando de la raíz. (E)

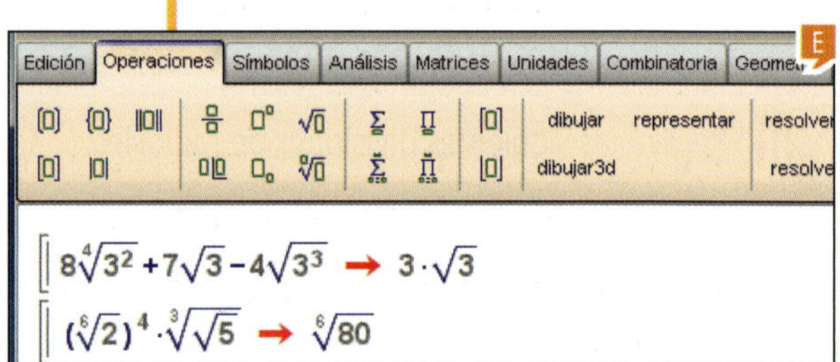

APRENDO A APRENDER

Copia, completa e ilustra en tu cuaderno el siguiente mapa conceptual y después contesta las preguntas. También lo puedes realizar en el ordenador con el programa **CmapTools.**

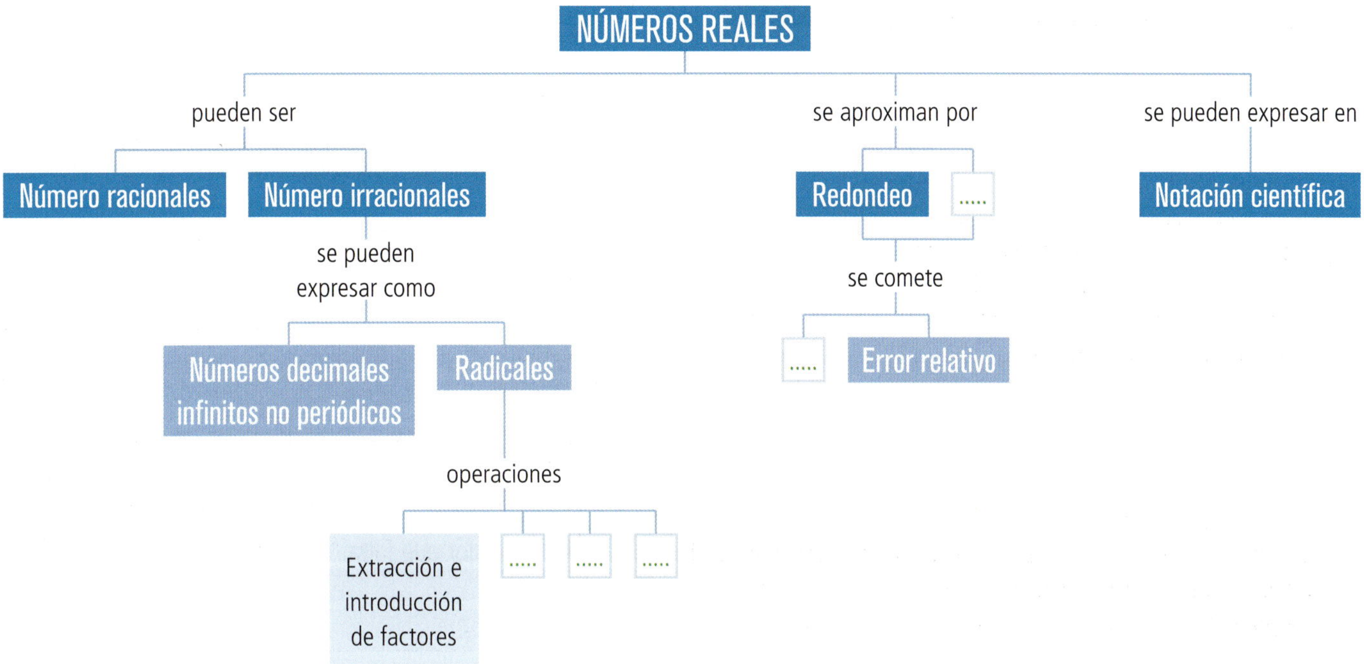

ACTIVIDADES

1 ¿Son los decimales periódicos números irracionales? Razona tu respuesta.

2 ¿Es el número π un número racional?

3 ¿Son todos los radicales números reales?

4 Al aproximar un número por truncamiento, ¿la aproximación se produce por defecto o por exceso?

5 ¿Qué son las cifras significativas?

6 ¿Cuándo la aproximación por redondeo se produce por defecto o por exceso? Pon un ejemplo.

7 ¿Cuántas raíces tiene un radical de índice par? ¿Y de índice impar?

8 ¿Cómo se introduce un factor dentro de un radical?

9 Al aproximar un número, ¿cuál de los dos tipos de errores proporciona una información más exacta sobre la aproximación?

10 ¿Para qué se escribe un número en notación científica?

11 ¿Cuándo son dos radicales equivalentes?

12 ¿Pueden todos los radicales expresarse como potencia?

13 ¿Cuándo se pueden sumar o restar dos radicales?

14 ¿Qué condición deben cumplir dos radicales para poder multiplicarlos o dividirlos?

15 ¿Cómo se expresa un número en notación científica?

16 Realiza una presentación a tus compañeros. Puedes hacer un documento PowerPoint, usar Glogster...

REPASO FINAL

NÚMEROS REALES. REPRESENTACIÓN

1 Copia en tu cuaderno la tabla y clasifica los siguientes números en $\mathbb{N}$, $\mathbb{Z}$, $\mathbb{Q}$, $\mathbb{I}$, $\mathbb{R}$:

	$\mathbb{N}$	$\mathbb{Z}$	$\mathbb{Q}$	$\mathbb{I}$	$\mathbb{R}$
3,04					
$\sqrt{5}$					
$9{,}2\overset{\frown}{71}$					
62					
$\sqrt[4]{-1}$					
5,444…					
$-\frac{1}{3}$					

2 ⊕ Representa en la recta numérica los siguientes números: $\sqrt{26}$, $\sqrt{37}$, $\sqrt{41}$.

3 ⊕ La diagonal de un cuadrado mide $\sqrt{50}$ cm. ¿Cuánto mide el lado? ¿Es el lado un número racional o irracional?

4 El volumen de un cubo es 64 cm^3. ¿Cuánto mide la arista del cubo? ¿Es la arista un número racional o irracional?

APROXIMACIÓN Y ERRORES. NOTACIÓN CIENTÍFICA

5 ¿Cuál de estos números está más próximo a 4,15?

a. 4,149 90 **b.** 4,149 99 **c.** 4,150 10 **d.** 4,151 00

6 En el antiguo Egipto se empleaba $\pi = \frac{256}{81}$ como aproximación de π, tal y como se describe en el papiro de Rhind. En la antigua Mesopotamia, dicho número se aproximaba mediante $\pi = 3 + \frac{1}{8}$. ¿Cuál de las dos aproximaciones es mejor?

7 ⊕ Al medir la distancia entre las ciudades A y B, se ha cometido un error de 0,35 km, y entre las ciudades C y D, uno de 0,56 km. Si las distancias reales son $\overline{AB} = 237$ km y $\overline{CD} = 416$ km, ¿cuál de las dos mediciones es más adecuada?

8 Escribe en notación científica estos números:

a. 286 000
b. 304,5
c. 0,047
d. 0,000 009 46
e. 936 700 000
f. 2 000 000 000 000

9 ⊕ Realiza las siguientes operaciones en notación científica y comprueba las soluciones con la calculadora:

a. $2{,}8 \cdot 10^3 + 7{,}15 \cdot 10^3$
b. $3{,}25 \cdot 10^4 - 1{,}074 \cdot 10^4$
c. $\dfrac{(3 \cdot 10^2)^2}{4{,}5 \cdot 10^5}$
d. $(2{,}678 \cdot 10^5) : (1{,}3 \cdot 10^{-2})$
e. $(3{,}6 \cdot 10^2) \cdot (9{,}67 \cdot 10^5)$
f. $\dfrac{2{,}7 \cdot 10^3 + 1{,}3 \cdot 10^3}{5 \cdot 10^3}$

RADICALES

10 Indica si las siguientes afirmaciones son verdaderas o no. Razona tu respuesta y, en el caso de que no sean verdaderas, pon un contraejemplo.

a. Siempre se puede calcular la raíz cúbica de un número negativo.

b. Un número negativo tiene dos raíces cúbicas.

c. Un número positivo tiene dos raíces cuartas.

11 ⊕ Halla el valor que falta.

a. $3^x = \frac{1}{3}$
b. $2^x = \sqrt[3]{2^4}$
c. $\sqrt[3]{\sqrt[x]{5}} = \sqrt[6]{5}$
d. $\left(\sqrt[4]{7}\right)^x = 7^2$

12 Realiza las siguientes operaciones:

a. $\left(\sqrt[4]{18}\right)^3$ **b.** $\sqrt[4]{\sqrt{4}}$ **c.** $\left(\sqrt{5}\right)^4$ **d.** $\sqrt[4]{\sqrt[3]{2^2 \cdot 5^2}}$

13 ⊕⊕ Calcula.

a. $\sqrt{21 + \sqrt{14 + \sqrt{1 + \sqrt{9}}}}$ **b.** $\sqrt{25 \cdot \sqrt{8 \cdot \sqrt{4}}}$

14 ⊕ Una chincheta con forma redonda ocupa una superficie de 28 mm^2.

a. ¿Cuánto mide el diámetro de la chincheta? Redondea el resultado a cuatro cifras significativas.

b. ¿Es el diámetro un número racional?

15 ⊕⊕ Si el lado del cuadrado grande mide 3 cm:

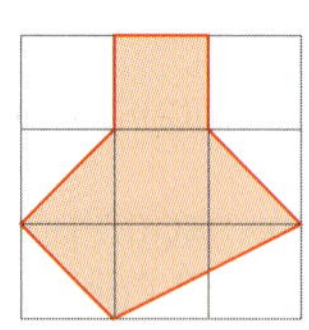

a. Calcula el perímetro de la figura coloreada.

b. Expresa el resultado del apartado anterior en forma de número decimal con tres cifras significativas.

16 Simplifica los siguientes radicales:

a. $\sqrt[6]{2^{10}}$ c. $\sqrt[4]{5^{12}}$ e. $\sqrt[4]{2^{10}\cdot 5^{6}}$ g. $\sqrt[3]{27}$

b. $\sqrt[15]{7^{20}}$ d. $\sqrt[12]{6^{14}}$ f. $\sqrt[5]{32x^{10}}$ h. $\sqrt[10]{16a^{4}b^{8}}$

OPERACIONES CON RADICALES

17 ⊕ Extrae todos los factores que puedas de los siguientes radicales:

a. $\sqrt{3^{4}\cdot 5^{3}\cdot 11^{6}}$ b. $\sqrt[5]{\dfrac{a^{6}b^{11}}{c^{5}d^{4}}}$ c. $\sqrt{125}$ d. $\sqrt[3]{1500}$

18 Introduce el factor dentro de la raíz y, si es posible, simplifica.

a. $3^{2}\sqrt[3]{2^{2}\cdot 3}$ b. $\dfrac{3}{2}\sqrt[3]{\dfrac{2^{2}}{3}}$ c. $\dfrac{y}{z^{2}}\sqrt{\dfrac{y}{xz}}$ d. $\dfrac{5b}{c}\sqrt[3]{\dfrac{ac^{2}}{b^{2}}}$

19 Realiza las siguientes sumas y restas y comprueba tus resultados con Wiris:

a. $7\sqrt{3}-4\sqrt{3}+\sqrt{3}$ b. $8\sqrt[3]{2}+3\sqrt[3]{2}+\sqrt[3]{2}$

20 Efectúa estas sumas y restas de radicales:

a. $-3\sqrt{50}+3\sqrt{32}+2\sqrt{2}$ c. $-5\sqrt{12}-\sqrt{3}+4\sqrt{48}$

b. $7\sqrt[3]{24}+5\sqrt[3]{81}-\sqrt[3]{375}$ d. $\sqrt[4]{112}-\sqrt[4]{567}$

21 ⊕ Reduce a común índice los radicales siguientes:

a. $\sqrt{2}, \sqrt[3]{2^{2}}, \sqrt[5]{2^{4}}$ b. $\sqrt[4]{8}, \sqrt[6]{10}$ c. $\sqrt[4]{x^{2}}, \sqrt[8]{x}, \sqrt[12]{x^{5}}$

22 ⊕⊕ Realiza las siguientes multiplicaciones y simplifica los resultados. Comprueba tus resultados con Wiris.

a. $\sqrt{27}\cdot\sqrt{3}$ c. $\sqrt[3]{5}\cdot\sqrt[3]{25}$ e. $5\sqrt[3]{2}\cdot 3\sqrt[4]{2^{2}}$

b. $\sqrt[4]{10}\cdot\sqrt[4]{8}$ d. $\sqrt{\dfrac{1}{27}}\cdot\sqrt[3]{27}$ f. $\sqrt[3]{\sqrt{5}}\cdot\sqrt[5]{5}$

23 ⊕⊕ Efectúa estas divisiones y simplifica los resultados:

a. $\dfrac{\sqrt{10}}{\sqrt{2}}$ c. $\dfrac{12\sqrt[3]{18}}{4\sqrt{3}}$ e. $\dfrac{4\sqrt[5]{2}}{\sqrt[4]{5}}$ g. $\dfrac{\sqrt[3]{x^{2}}}{\sqrt{x}}$

b. $\dfrac{\sqrt[4]{125}}{\sqrt[4]{5}}$ d. $\dfrac{\sqrt[3]{25}}{\sqrt[5]{30}}$ f. $\dfrac{\sqrt{x^{7}}}{\sqrt{x^{3}}}$ h. $\dfrac{\sqrt{8a^{3}b^{5}}}{\sqrt[3]{2ab^{3}}}$

24 ⊕⊕ Realiza las siguientes operaciones con radicales:

a. $\dfrac{2\sqrt{18}\cdot\sqrt{3}}{\sqrt{6}}+5\left(\sqrt{3}\right)^{2}$ b. $\dfrac{\sqrt[4]{a^{3}}\cdot\sqrt{a}}{\sqrt[3]{a^{2}}}+\sqrt[6]{\sqrt{a^{7}}}-3\sqrt[24]{a^{14}}$

25 ➔ En esta dirección de Internet encontrarás actividades para repasar las operaciones con los radicales:

http://conteni2.educarex.es/mats/120460/contenido/

EVALUACIÓN

1 ¿Cuál de las siguientes afirmaciones es falsa?

a. Todos los números irracionales son reales.

b. Hay números reales que no son irracionales.

c. Los radicales solo expresan números irracionales.

d. Los decimales infinitos no periódicos son números irracionales.

2 De los siguientes números, ¿cuál es irracional?

a. $0,\widehat{3}+0,0\widehat{3}$ b. $\sqrt{3}+3$ c. $\left(\sqrt{3}\right)^{2}$ d. $\dfrac{1}{3}+0,3$

3 ¿Cuál es el error relativo que se comete al aproximar $\dfrac{91}{320}$ con 0,284?

a. 0,000 375 b. 0,001 319 c. –0,000 375 d. –0,001 319

4 El resultado de la operación $(6,1\cdot 10^{3})^{2} : (2\cdot 10^{4})$ es:

a. $3,05\cdot 10^{2}$ c. $1,8605\cdot 10^{3}$

b. $1,8605\cdot 10^{10}$ d. $3,05\cdot 10$

5 La expresión simplificada del radical $\sqrt[8]{16}$ es:

a. $\sqrt[4]{2}$ b. $\sqrt[4]{4}$ c. 2 d. $\sqrt{2}$

6 Si se extraen todos los factores posibles del radical $\sqrt[3]{2160}$, se obtiene la expresión:

a. $216\sqrt[3]{10}$ b. $3\sqrt[3]{80}$ c. $6\sqrt[3]{5}$ d. $6\sqrt[3]{10}$

7 ¿Cuál de los siguientes radicales no es semejante a $\sqrt[4]{5}$?

a. $3\sqrt[6]{5^{2}}$ b. $-2\sqrt[4]{5}$ c. $\sqrt{\sqrt{5}}$ d. $\sqrt[4]{80}$

8 El resultado de la operación $3\sqrt[3]{108}+5\sqrt[3]{32}-\sqrt[3]{4}$ es:

a. $7\sqrt[3]{136}$ b. $18\sqrt[3]{4}$ c. $7\sqrt[3]{4}$ d. $\sqrt[3]{4}$

9 ¿Cuál es el resultado de $\dfrac{\sqrt{27}\cdot\sqrt[3]{9}}{\sqrt[6]{3}}$?

a. $\sqrt[3]{81}$ b. $\sqrt{81}$ c. 81 d. 9

10 El valor de la operación $\sqrt[3]{\sqrt{2}}\cdot\left(\sqrt[6]{4}\right)^{2} : \sqrt[6]{2}$ es:

a. $\sqrt[3]{4}$ b. $\sqrt[6]{2}$ c. 1 d. $\sqrt{2}$

DIARIO DE APRENDIZAJE

¿Qué conocimientos previos me han resultado útiles para entender esta unidad?

03 Sucesiones

¿Puedo establecer alguna relación entre esta unidad y alguna anterior?

En la naturaleza existe multitud de ejemplos que se pueden representar por sucesiones. Investiga con tu grupo, algunos de esos ejemplos, escribe la serie numérica que representa y preparad una presentación para exponerla al resto de la clase.

01 Sucesiones

Una **sucesión** es un conjunto infinito y ordenado de números reales. Se representa mediante a_n.

$$a_n = \{a_1, a_2, a_3, ..., a_n, ...\}$$

Cada elemento de la sucesión se llama **término** de la sucesión y se designa como a_i, donde *i* indica la posición que ocupa el término en la sucesión. Así, a_1 sería el primer término; a_2, el segundo; a_3, el tercero, y a_n, el término enésimo.

Algunos ejemplos de sucesiones son:

$a_n = \{1, 3, 5, 7, 9, ...\}$ $\qquad$ $b_n = \{4, 12, 36, 108, 324, ...\}$

01.1 Término general

El **término general** de una sucesión es la expresión algebraica que permite calcular cualquier término de la sucesión a partir de la posición que ocupa en ella.

Si te fijas en la sucesión $a_n = \{1, 3, 5, 7, 9, ...\}$, podrás comprobar que se corresponde con la sucesión de los números naturales impares, pero ¿cuál es su término general? Observa que:

$a_1 = 1 = 2 - 1 = 2 \cdot 1 - 1$ $\quad$ $a_2 = 3 = 4 - 1 = 2 \cdot 2 - 1$ $\quad$ $a_3 = 5 = 6 - 1 = 2 \cdot 3 - 1$

Así, $a_n = 2 \cdot n - 1$ es el término general de la sucesión.

Sucesión de Fibonacci

Leonardo de Pisa (1170-1250), también llamado **Fibonacci,** publicó en 1202 su obra *Liber Abaci.* En ella aparecía la sucesión denominada de Fibonacci como solución al siguiente problema:

«Una pareja de conejos tarda un mes en alcanzar la edad fértil; a partir de ese momento, cada mes engendra una nueva pareja de conejos, que a su vez, tras alcanzar la fertilidad, engendrarán una pareja de conejos al mes. ¿Cuántas parejas de conejos habrá al cabo de un determinado número de meses?».

Si *n* representa el número de meses, la solución sería la sucesión de Fibonacci.

El número de espirales, en un sentido y en el otro, de un girasol se ajusta a parejas consecutivas de términos de la sucesión de Fibonacci.

Formas de definir una sucesión

Por los primeros términos de la sucesión.

$$a_n = \{5, -4, -13, ...\}$$

Por una ley de formación.

La sucesión de los números naturales impares es $a_n = \{1, 3, 5, 7, 9, ...\}$.

Por el término general de la sucesión.

$$a_n = 5n + 3 \Rightarrow$$
$$\Rightarrow a_n = \{8, 13, 18, 23, ...\}$$

Por una ley de recurrencia.

Es una expresión que permite obtener un término a partir de los anteriores.

$$\begin{cases} a_1 = 3 \\ a_n = 2a_{n-1} - 4 \end{cases}$$

La sucesión de Fibonacci está determinada por la ley de recurrencia:

$$a_1 = 1$$
$$a_2 = 1$$
$$a_n = a_{n-1} + a_{n-2}$$

donde cada término se obtiene como la suma de los dos términos anteriores.

Para calcular los siguientes términos, se sustituye en la ley de recurrencia n = 3, n = 4,...:

$$a_3 = a_2 + a_1 = 1 + 1 = 2$$
$$a_4 = a_3 + a_2 = 2 + 1 = 3$$

La sucesión de Fibonacci es $a_n = \{1, 1, 2, 3, 5, 8, 13, ...\}$.

01.2 Monotonía de una sucesión

El crecimiento de una sucesión depende de cómo sean los términos entre sí, lo que se conoce como monotonía. Según esto, una sucesión puede ser:

Símbolos matemáticos

El símbolo ∀ significa «para todo».

Creciente	$a_n \leq a_{n+1}\ \forall\ n$	Cada término es menor o igual que el siguiente.	$a_n = \{-2, 5, 5, 14, \ldots\}$
Estrictamente creciente	$a_n < a_{n+1}\ \forall\ n$	Cada término es siempre menor que el siguiente.	$a_n = \{3, 7, 11, 15, \ldots\}$
Decreciente	$a_n \geq a_{n+1}\ \forall\ n$	Cada término es mayor o igual que el siguiente.	$a_n = \{25, 19, 12, 12, \ldots\}$
Estrictamente decreciente	$a_n > a_{n+1}\ \forall\ n$	Cada término es siempre mayor que el siguiente.	$a_n = \{-4, -6, -8, -10, \ldots\}$
Constante	$a_n = a_{n+1}\ \forall\ n$	Todos los términos son iguales.	$a_n = \{3, 3, 3, 3, \ldots\}$
Alternada u oscilante	signo $(a_n) \neq$ signo $(a_{n+1})\ \forall\ n$	Cada término tiene distinto signo que el siguiente o el anterior.	$a_n = \{4, -2, 5, -6, \ldots\}$

ACTIVIDADES

1 Averigua si los números $\frac{3}{5}$, 1, $\frac{18}{17}$ y $\frac{11}{20}$ son o no términos de la sucesión $a_n = \frac{n+1}{2n}$.

2 Halla el término general de las siguientes sucesiones:

a. $a_n = \{0, 4, 8, 12, 16, \ldots\}$

b. $b_n = \left\{1, \frac{1}{2}, \frac{1}{3}, \frac{1}{4}, \frac{1}{5}, \ldots\right\}$

c. $c_n = \{1, 4, 9, 16, 25, \ldots\}$

d. $d_n = \left\{\frac{1}{2}, \frac{2}{3}, \frac{3}{4}, \frac{4}{5}, \frac{5}{6}, \ldots\right\}$

3 Halla los cuatro primeros términos de las siguientes sucesiones determinadas por su ley de formación:

a. Múltiplos de 3.

b. Potencias de –5.

c. Cubos de los números naturales.

d. Cocientes de dos números naturales consecutivos.

4 Copia en tu cuaderno y encuentra el valor de las letras para que las siguientes leyes de recurrencia sean correctas:

a. $a_n = \{-4, 1, 14, 25, \ldots\} \Rightarrow a_n = A \cdot a_{n-1} - B \cdot a_{n-2}$

b. $b_n = \{24, 6, 2, \frac{3}{2}, \ldots\} \Rightarrow b_n = \frac{b_{n-2}}{C \cdot b_{n-1}}$

5 Escribe los cinco primeros términos de las siguientes sucesiones, definidas mediante una ley de recurrencia:

a. $a_1 = 2$; $a_n = a_{n-1} + 3n$

b. $b_1 = 1$; $b_2 = 5$; $b_n = b_{n-1} - 4 \cdot b_{n-2}$

c. $c_1 = 1$; $c_2 = 2$; $c_3 = 3$; $c_n = c_{n-1} \cdot c_{n-2} + 3 \cdot c_{n-3}$

d. $d_1 = -1$; $d_2 = 3$; $d_n = \frac{d_{n-1}}{d_{n-2}}$

6 Escribe los cuatro primeros términos de las siguientes sucesiones y estudia el crecimiento de cada una de ellas:

a. $a_n = 3n + 1$ b. $b_n = 1 - n^2$ c. $c_n = (-1)^{n+1}$

7 Escribe el término general de una sucesión que cumpla cada uno de los siguientes criterios:

a. Ser creciente y tener como primer término 2.

b. Ser decreciente y tener como segundo término 1.

c. Ser alternada y tener como tercer término –4.

8 ¿Qué término de la sucesión $a_n = 5n + 3$ vale 108?

9 Si $a_n = 2n^2 - 23n + 15$, ¿qué término vale –30?

10 ¿Qué letra sigue en la sucesión A – C – F – J – ...?

11 Busca información sobre fenómenos de la naturaleza en los que aparezca la sucesión de Fibonacci.

02 Progresiones aritméticas

Una **progresión aritmética** es una sucesión en la que cada término, excepto el primero, se obtiene sumando al anterior un número fijo, *d,* llamado **diferencia.**

Fíjate en las siguientes sucesiones:

$a_n = \{3, 7, 11, 15, ...\}$ $\qquad$ $b_n = \{8, 5, 2, -1, ...\}$

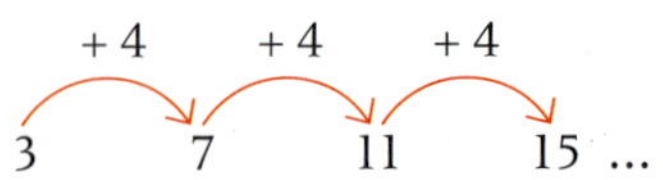

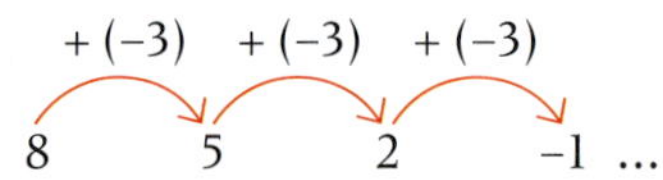

a_n es una progresión aritmética en la que $d = 4$, es decir, cada término es 4 unidades mayor que el anterior porque se le suma 4.

b_n es una progresión aritmética en la que $d = -3$, ya que cada término es 3 unidades menor que el anterior porque se le resta 3.

En una progresión aritmética, la diferencia se obtiene restando a cada término el anterior:

$$d = a_2 - a_1 = a_3 - a_2 = ... = a_n - a_{n-1}$$

Si $a_n = \{3, 7, 11, 15, ...\}$, su diferencia es $d = 7 - 3 = 11 - 7 = 15 - 11 = ... = 4$.

02.1 Término general

Si te fijas, en una progresión aritmética, cada uno de los términos es igual al anterior más la diferencia. Por tanto:

$$\left.\begin{aligned} a_2 &= a_1 + d \\ a_3 &= a_2 + d = (a_1 + d) + d = a_1 + 2 \cdot d \\ a_4 &= a_3 + d = (a_1 + 2 \cdot d) + d = a_1 + 3 \cdot d \end{aligned}\right\} a_n = a_{n-1} + d = a_1 + (n-1) \cdot d$$

El **término general** de una progresión aritmética es $a_n = a_1 + (n - 1) \cdot d$.

Generalizando la expresión anterior, en una progresión aritmética, dos términos cualesquiera, a_n y a_k, se relacionan mediante la expresión:

$$a_n = a_k + (n - k) \cdot d$$

02.2 Monotonía de una progresión aritmética

La monotonía de una progresión aritmética puede ser:

Creciente	$d > 0$	Cada término siempre es mayor que el anterior.	$a_n = \{5, 9, 13, 17, ...\}$
Decreciente	$d < 0$	Cada término siempre es menor que el anterior.	$a_n = \{7, 4, 1, -2, ...\}$
Constante	$d = 0$	Cada término siempre es igual al anterior.	$a_n = \{4, 4, 4, 4, ...\}$

Fractal

Un fractal es un objeto en el que aparece una sucesión de imágenes que mantienen la misma estructura.

Esta variedad de la col, el **romanescu,** es uno de los ejemplos de fractal que se presentan en la naturaleza.

02.3 Interpolación aritmética

Dados dos números, *a* y *b*, **interpolar *n* medios aritméticos** consiste en intercalar *n* números entre *a* y *b*, de forma que la sucesión obtenida, $\{a, x_1, x_2, ..., x_n, b\}$, sea una progresión aritmética.

ACTIVIDADES RESUELTAS

1 Dada la progresión aritmética $a_n = \{4, 7, 10, 13, ...\}$, calcula:

a. La diferencia.

b. Su término general.

a. Como puedes ver, $a_1 = 4$, y la diferencia es:

$$d = 7 - 4 = 10 - 7 = 3.$$

b. Aplicando la expresión del término general y sustituyendo los datos, se obtiene:

$$a_n = a_1 + (n - 1) \cdot d$$

$$a_n = 4 + (n - 1) \cdot 3 = 4 + 3n - 3 = 3n + 1$$

2 Interpola cuatro medios aritméticos entre 8 y 43.

Hay que hallar cuatro números, x_1, x_2, x_3 y x_4, tales que 8, x_1, x_2, x_3, x_4 y 43 formen una progresión aritmética.

Para ello, se emplea la expresión $a_n = a_1 + (n - 1) \cdot d$, en la que $a_6 = 43$ y $a_1 = 8$.

Así, $43 = 8 + (6 - 1) \cdot d \Rightarrow 43 = 8 + 5d \Rightarrow$
$\Rightarrow 35 = 5d \Rightarrow d = 7$.

Luego, los cuatro números son:

$x_1 = a_1 + d = 8 + 7 = 15$; $x_2 = 15 + d = 15 + 7 = 22$;

$x_3 = 22 + d = 22 + 7 = 29$; $x_4 = 29 + d = 29 + 7 = 36$

ACTIVIDADES

12 Determina si las siguientes sucesiones son progresiones aritméticas. En caso afirmativo, calcula la diferencia y el término general y estudia su monotonía.

a. $a_n = \{-19, -15, -11, -3, ...\}$

b. $b_n = \{-21, -24, -27, -30, ...\}$

c. $c_n = \left\{\frac{1}{5}, \frac{2}{5}, \frac{3}{5}, \frac{4}{5}, ...\right\}$

d. $d_n = \left\{\sqrt{3}, 2\sqrt{3}, 3\sqrt{3}, 4\sqrt{3}, ...\right\}$

13 ¿Es la sucesión $\{-3, 2, 7, 12, ...\}$ una progresión aritmética? Si lo es, halla la diferencia, el término general y el término 38.

14 Determina los seis primeros términos y a_n de una progresión aritmética en la que $d = -3$ y $a_1 = 6$.

15 De una progresión aritmética se sabe que su noveno término es 9, y su diferencia, 5. Halla el primer término de la sucesión.

16 Halla el término general de una progresión aritmética de la que se conocen $d = -3$ y $a_2 = 5$.

17 Los siguientes datos corresponden a progresiones aritméticas. Encuentra el valor del dato que se pide en cada caso.

a. $a_1 = 4$, $d = -1$; calcula a_{12}.

b. $a_{10} = 34$, $a_1 = 7$; calcula *d*.

c. $a_1 = 5$, $a_{13} = -19$; calcula a_8.

d. $a_6 = -2$, $a_{11} = 8$; calcula *d*.

e. $a_1 = 3$, $a_n = 47$, $d = 4$; calcula *n*.

18 Interpola tres medios aritméticos entre los números:

a. -3 y 13

b. -6 y -38

c. $\frac{3}{4}$ y $\frac{11}{4}$

d. $\sqrt{5}$ y $13\sqrt{5}$

19 El alquiler municipal de bicicletas cuesta 5 € la primera hora y 0,25 € menos cada hora sucesiva.

a. ¿Cuánto pagará Berta por usar la bicicleta 5 horas?

b. ¿Hay alguna expresión general que permita expresar el precio del alquiler de las bicicletas según el número de horas?

03 Suma de los términos de una progresión aritmética

Veamos cómo se obtiene una expresión para hallar la suma de términos consecutivos de una progresión aritmética a partir de la suma de los términos equidistantes de la progresión.

03.1 Suma de términos equidistantes de una progresión aritmética

Consideremos la progresión aritmética finita {2, 5, 8, 11, 14, 17, 20, 23}. Fíjate en que, si se suman términos equidistantes, siempre se obtiene la misma cantidad:

2 5 8 11 14 17 20 23

Suma de los términos equidistantes

$11 + 14 = 25$

$8 + 17 = 25$

$5 + 20 = 25$

$2 + 23 = 25$

Suma de los extremos

En general, en una progresión aritmética finita de *n* términos se verifica que la suma de los términos equidistantes de los extremos es igual a la suma de dichos extremos:

$$a_1 + a_n = a_2 + a_{n-1} = a_3 + a_{n-2} = \ldots$$

Observa que la suma de los subíndices de cada expresión es n + 1.

03.2 Suma de términos consecutivos de una progresión aritmética

Dada la progresión aritmética $\{a_1, a_2, a_3, \ldots, a_n\}$, vamos a calcular la suma de los *n* primeros términos. Para ello, se coloca la suma de los *n* términos y debajo su suma invertida. A continuación, se suman los términos que estén en la misma columna:

$$\begin{array}{lcccccccccc} \text{Suma} \rightarrow & S_n & = & a_1 & + & a_2 & + \ldots + & a_{n-1} & + & a_n \\ \text{Suma invertida} \rightarrow + & S_n & = & a_n & + & a_{n-1} & + \ldots + & a_2 & + & a_1 \\ \hline & 2S_n & = & (a_1 + a_n) & + & (a_2 + a_{n-1}) & + \ldots + & (a_{n-1} + a_2) & + & (a_n + a_1) \end{array}$$

Teniendo en cuenta que la suma de los términos equidistantes de los extremos es igual a la suma de los extremos y que hay *n* sumandos:

$$2S_n = \overbrace{(a_1 + a_n) + (a_1 + a_n) + \ldots + (a_1 + a_n) + (a_1 + a_n)}^{n \text{ sumandos}}$$

$$2S_n = (a_1 + a_n) \cdot n \Rightarrow S_n = \frac{(a_1 + a_n) \cdot n}{2}$$

> La **suma de los *n* primeros términos** de una progresión aritmética es:
>
> $$S_n = \frac{(a_1 + a_n) \cdot n}{2}$$

Carl Friedrich Gauss (1777-1855)

Cuando Gauss tenía 9 años, le propusieron en el colegio que sumara los cien primeros números naturales. Gauss respondió casi de inmediato: 5 050. ¿Cómo crees que lo hizo?

En lugar de sumar los cien números uno detrás de otro, como hacían sus compañeros, Gauss observó que:

$1 + 100 = 2 + 99 = 3 + 98 = \ldots = 50 + 51$

Así, los cien números están agrupados en cincuenta pares cuya suma es 101.

Luego, la suma de los cien primeros números naturales es:

$50 \cdot 101 = 5050$

ACTIVIDADES

20 Si en una progresión aritmética $a_3 + a_{15} = 24$, se puede afirmar que $a_5 + a_{13} = 24$? Razona la respuesta con tu compañero.

21 Calcula la suma de los doce primeros términos de las siguientes progresiones aritméticas, de las que se conocen sus términos generales:

a. $a_n = -4n + 3$ **b.** $b_n = \frac{4}{3}n - 2$ **c.** $c_n = -\frac{2}{3} - \frac{1}{3}n$

22 Calcula la suma de los quince primeros términos de las siguientes progresiones aritméticas:

a. $a_n = \{7, 12, 17, 22, \ldots\}$

b. $b_n = \{-15, -18, -21, -24, \ldots\}$

c. $c_n = \left\{\frac{2}{5}, \frac{16}{15}, \frac{26}{15}, \frac{12}{5}, \ldots\right\}$

d. $d_n = \{0{,}25\ ;\ 0{,}5\ ;\ 0{,}75\ ;\ 1\ ;\ \ldots\}$

23 Dada la progresión aritmética $\{-2, 1, 4, 7, \ldots\}$, ¿cuántos términos han de sumarse para que el resultado sea 1 333?

24 De una progresión aritmética se conocen $a_2 = -10$ y $a_{19} = 24$; calcula:

a. La diferencia y el primer término.

b. El término general.

c. La suma de los diecinueve primeros términos.

25 Calcula la suma de los veinte primeros números impares.

26 Si $a_1 = 5$ y $S_{20} = 230$, halla el valor del vigésimo término.

27 Halla el valor de a_1 en una progresión aritmética de la que se conocen $a_{16} = 6$ y $S_{16} = 72$.

28 De una progresión aritmética se conocen $a_1 = 2$ y $S_7 = 77$. Halla a_7.

29 Calcula S_{12}, sabiendo que el primer término y el octavo de la progresión aritmética son, respectivamente, 8 y 2.

30 Un hortelano riega su huerto con el agua de un pozo. Si el lunes utiliza 150 L y cada día emplea 5 L menos que el anterior, ¿cuántos litros habrá consumido el domingo? ¿Y en total?

ACTIVIDAD RESUELTA

31 Las edades de cinco hermanos forman una progresión aritmética cuya suma es 45 años. Si el mayor tiene 12 años más que el menor, ¿cuáles son las edades de los hermanos?

Se sabe que $a_5 = a_1 + 12$ y $S_5 = 45$.

Sustituyendo en la expresión de la suma:

$$S_5 = \frac{(a_1 + a_5) \cdot 5}{2}$$

$$45 = \frac{(a_1 + a_1 + 12) \cdot 5}{2} = \frac{(2a_1 + 12) \cdot 5}{2}$$

$$2a_1 + 12 = \frac{45 \cdot 2}{5} \Rightarrow 2a_1 + 12 = 18 \Rightarrow a_1 = \frac{18 - 12}{2} = 3$$

Luego, $a_5 = a_1 + 12 = 3 + 12 = 15$.

Calculemos ahora la diferencia:

$$a_5 = a_1 + (5 - 1) \cdot d \Rightarrow d = \frac{a_5 - a_1}{4} = \frac{15 - 3}{4} = 3$$

Luego, las edades son:

$$3\ ,\ 3 + 3 = 6\ ,\ 6 + 3 = 9\ ,\ 9 + 3 = 12 \text{ y } 15$$

32 Las alturas de cuatro amigos están en progresión aritmética. Si el más bajo mide 24 cm menos que el más alto, y entre todos suman 6,56 m, ¿cuál es la altura de cada uno?

33 Un alumno debe entregar, en un plazo de 7 días, un trabajo que consta de 49 ejercicios. Si cada día hace 2 ejercicios más que el anterior y el último día ha hecho 13 ejercicios, ¿cuántos hizo el primero?

34 En grupos de tres compañeros, construid una torre de naipes de 1, 2, 3 y 4 pisos. ¿Cuántas cartas necesitáis para construir cada piso? ¿Y para construir una torre de 25 pisos? Encontrad el término general de la sucesión de cartas de cada piso.

04 Progresiones geométricas

Una **progresión geométrica** es una sucesión en la que cada término, excepto el primero, se obtiene multiplicando el anterior por un número fijo, *r*, llamado **razón.**

Observa las siguientes sucesiones:

$a_n = \{3, 6, 12, 24, \ldots\}$

$\cdot 2 \quad \cdot 2 \quad \cdot 2$

$3 \quad 6 \quad 12 \quad 24 \ldots$

a_n es una progresión geométrica en la que $r = 2$.

$b_n = \{40, -20, 10, -5, \ldots\}$

$\cdot\left(-\frac{1}{2}\right) \quad \cdot\left(-\frac{1}{2}\right) \quad \cdot\left(-\frac{1}{2}\right)$

$40 \quad -20 \quad 10 \quad -5 \ldots$

b_n es una progresión geométrica en la que $r = -\frac{1}{2}$.

En una progresión geométrica, la razón se calcula dividiendo cada término por el anterior:

$$r = \frac{a_2}{a_1} = \frac{a_3}{a_2} = \frac{a_4}{a_3} = \ldots = \frac{a_n}{a_{n-1}}$$

Si $a_n = \{3, 6, 12, 24, \ldots\}$, su razón es $r = \frac{6}{3} = \frac{12}{6} = \frac{24}{12} = \ldots = 2$.

La **matrioska** es uno de los símbolos de Rusia y consiste en una sucesión de muñecas de madera encerradas una dentro de la otra.

04.1 Término general

Si te fijas, en una progresión geométrica, cada uno de los términos es igual al anterior multiplicado por la razón. Por tanto:

$$\left.\begin{aligned} a_2 &= a_1 \cdot r \\ a_3 &= a_2 \cdot r = (a_1 \cdot r) \cdot r = a_1 \cdot r^2 \\ a_4 &= a_3 \cdot r = (a_1 \cdot r^2) \cdot r = a_1 \cdot r^3 \end{aligned}\right\} a_n = a_{n-1} \cdot r = (a_1 \cdot r^{n-2}) \cdot r = a_1 \cdot r^{n-1}$$

El **término general** de una progresión geométrica es $a_n = a_1 \cdot r^{n-1}$.

Generalizando la expresión anterior, en una progresión geométrica, dos términos cualesquiera, a_n y a_k, se relacionan mediante la expresión:

$$a_n = a_k \cdot r^{n-k}$$

04.2 Monotonía de una progresión geométrica

La monotonía de una progresión geométrica puede ser:

Razón	$r < 0$	$0 < r < 1$	$r = 1$	$r > 1$
Si $a_1 > 0$	Alternada	Decreciente	Constante	Creciente
Si $a_1 < 0$	Alternada	Creciente	Constante	Decreciente

04.3 Interpolación geométrica

Dados dos números, *a* y *b*, **interpolar *n* medios geométricos** consiste en intercalar *n* números entre *a* y *b*, de forma que la sucesión obtenida, $\{a, x_1, x_2, ..., x_n, b\}$, sea una progresión geométrica.

ACTIVIDADES RESUELTAS

1 Dada la progresión geométrica $a_n = \{2, 6, 18, 54, ...\}$, calcula:

a. La razón.

b. Su término general.

a. Vemos que $a_1 = 2$ y que la razón es $\frac{6}{2} = \frac{18}{6} = 3$.

b. Aplicando la expresión del término general y sustituyendo los datos, se obtiene:

$$a_n = a_1 \cdot r^{n-1} \Rightarrow a_n = 2 \cdot 3^{n-1}$$

2 Interpola cuatro medios geométricos entre 5 y 160.

Hay que hallar cuatro números, x_1, x_2, x_3, x_4, tales que 5, x_1, x_2, x_3, x_4 y 160 formen una progresión geométrica.

Para ello, se utiliza la expresión $a_n = a_1 \cdot r^{n-1}$, en la que $a_6 = 160$ y $a_1 = 5$.

Así, $a_6 = a_1 \cdot r^{6-1} \Rightarrow 160 = 5 \cdot r^{6-1} \Rightarrow 160 = 5 \cdot r^5 \Rightarrow$
$r^5 = \frac{160}{5} = 32 \Rightarrow r = \sqrt[5]{32} = 2$

Luego, los cuatro números son:

$x_1 = a_1 \cdot r = 5 \cdot 2 = 10$; $x_2 = 10 \cdot r = 10 \cdot 2 = 20$;
$x_3 = 20 \cdot r = 20 \cdot 2 = 40$; $x_4 = 40 \cdot r = 40 \cdot 2 = 80$

ACTIVIDADES

35 Determina si las siguientes sucesiones son progresiones geométricas. En caso afirmativo, calcula la razón y el término general y estudia su monotonía.

a. $a_n = \{6, -12, 24, -48, ...\}$

b. $b_n = \left\{\frac{2}{5}, 2, 10, 50, ...\right\}$

c. $c_n = \left\{-\frac{4}{3}, -\frac{2}{3}, -\frac{1}{3}, -\frac{1}{6}, ...\right\}$

d. $d_n = \left\{2, 2\sqrt{3}, 6, 6\sqrt{3}, ...\right\}$

36 Si en una progresión geométrica $a_6 \cdot a_{21} = 16$, ¿puede afirmarse que $a_{12} \cdot a_{15} = 16$? Razona la respuesta junto con tu compañero.

37 Escribe los cinco primeros términos y el término general de las siguientes progresiones geométricas:

a. $a_1 = 2, r = 3$ b. $a_1 = 4, r = -\frac{1}{2}$ c. $a_1 = 3, r = \sqrt{2}$

38 El quinto término de una progresión geométrica es 81 y el primero es 1. Halla los cinco primeros términos de dicha progresión.

39 Halla el término general de una progresión geométrica de razón positiva, de la que se conocen su cuarto término, 256, y vigésimo, $\frac{1}{256}$.

40 Los siguientes datos corresponden a progresiones geométricas. Halla el valor del dato que se pide en cada caso.

a. $a_1 = -5, r = -2$; calcula a_6.

b. $a_9 = 81, r = \frac{1}{3}$; calcula a_1.

c. $a_3 = 0{,}1, a_7 = 0{,}000\,000\,1$; calcula *r*.

d. $a_1 = 3, a_n = 96, r = 2$; calcula *n*.

41 Interpola tres medios geométricos entre los números:

a. 16 y 1 b. −162 y −2 c. $\frac{1}{3}$ y $\frac{27}{625}$ d. 1 y 4

42 En el laboratorio de Biología de su instituto, Laura está trabajando con un cultivo formado por 30 bacterias. Si estos microorganismos se reproducen por bipartición cada 15 minutos, ¿cuántas habrá en el cultivo al cabo de 6 horas?

05 Producto de los términos de una progresión geométrica

Veamos a continuación cómo se obtiene una expresión para calcular el producto de los términos consecutivos de una progresión geométrica a partir del producto de sus términos equidistantes.

05.1 Producto de los términos equidistantes de una progresión geométrica

Consideremos la progresión geométrica finita $\left\{\frac{1}{9}, \frac{1}{3}, 1, 3, 9, 27, 81, 243\right\}$. Si multiplicas los términos equidistantes, constatarás que se obtiene siempre el mismo resultado:

$$\frac{1}{9} \quad \frac{1}{3} \quad 1 \quad 3 \quad 9 \quad 27 \quad 81 \quad 243$$

Producto de los términos equidistantes

$$3 \cdot 9 = 27$$

$$1 \cdot 27 = 27$$

$$\frac{1}{3} \cdot 81 = 27$$

Producto de los extremos

En general, en una progresión geométrica finita de *n* términos se cumple que el producto de los términos equidistantes de los extremos es igual al producto de dichos extremos:

$$a_1 \cdot a_n = a_2 \cdot a_{n-1} = a_3 \cdot a_{n-2} = \dots$$

Observa que la suma de los subíndices de cada expresión es n + 1.

05.2 Producto de los términos consecutivos de una progresión geométrica

Vamos a partir de la progresión geométrica $\{a_1, a_2, a_3, \dots a_n\}$ para calcular el producto de los *n* primeros términos. Con este fin, se coloca el producto de los *n* términos y debajo su producto invertido. A continuación, se multiplican los términos que estén en la misma columna:

$$\begin{array}{llcl}
\text{Producto} \rightarrow & P_n & = & a_1 \cdot a_2 \cdot \dots \cdot a_{n-1} \cdot a_n \\
\text{Producto invertido} \rightarrow \cdot & P_n & = & a_n \cdot a_{n-1} \cdot \dots \cdot a_2 \cdot a_1 \\
\hline
& P_n^2 & = & (a_1 \cdot a_n) \cdot (a_2 \cdot a_{n-1}) \cdot \dots \cdot (a_{n-1} \cdot a_2) \cdot (a_n \cdot a_1)
\end{array}$$

Teniendo en cuenta que el producto de los términos equidistantes de los extremos es igual al producto de los extremos y que hay *n* productos:

$$P_n^2 = \overbrace{(a_1 \cdot a_n) \cdot (a_1 \cdot a_n) \cdot \dots \cdot (a_1 \cdot a_n) \cdot (a_1 \cdot a_n)}^{n \text{ productos}} = (a_1 \cdot a_n)^n \Rightarrow P_n = \sqrt{(a_1 \cdot a_n)^n}$$

El **producto de los *n* primeros términos** de una progresión geométrica es:

$$P_n = \sqrt{(a_1 \cdot a_n)^n}$$

ACTIVIDADES RESUELTAS

1 Dada la progresión geométrica $a_n = 18 \cdot \left(\frac{1}{3}\right)^{n-1}$, calcula el producto de los seis primeros términos.

Para calcular P_6, es preciso determinar primero a_1 y a_6:

$$a_1 = 18 \cdot \left(\frac{1}{3}\right)^{1-1} = 18$$

$$a_6 = 18 \cdot \left(\frac{1}{3}\right)^{6-1} = 18 \cdot \frac{1}{243} = \frac{2}{27}$$

De este modo, el producto de los seis primeros términos es:

$$P_6 = \sqrt{\left(18 \cdot \frac{2}{27}\right)^6} = \left(\frac{36}{27}\right)^3 = \left(\frac{4}{3}\right)^3 = \frac{64}{27}$$

2 El producto de los cuatro primeros términos de una progresión geométrica es 0,1024. Si $a_1 = -0{,}2$, calcula a_4.

Para ello, se utiliza la expresión:

$$P_4 = \sqrt{(a_1 \cdot a_4)^4}$$

$$0{,}1024 = \sqrt{(-0{,}2 \cdot a_4)^4} = (-0{,}2 \cdot a_4)^2 = 0{,}04 \cdot a_4^2$$

Se simplifica el índice de la raíz con el exponente de la potencia.

$$a_4^2 = \frac{0{,}1024}{0{,}04} = 2{,}56 \Rightarrow a_4 = \sqrt{2{,}56} = 1{,}6$$

ACTIVIDADES

43 Calcula el producto de los cinco primeros términos de las siguientes progresiones geométricas:

a. $a_n = \frac{1}{3} \cdot 3^{n-1}$

b. $b_n = 2^{n-1}$

c. $c_n = 4 \cdot 0{,}1^{n-1}$

d. $d_n = 64 \cdot \left(\frac{1}{2}\right)^{n-1}$

44 Halla el producto de los seis primeros términos de estas progresiones geométricas:

a. $a_n = \{2, -6, 18, -54, \ldots\}$

b. $b_n = \left\{\frac{1}{2}, \frac{1}{4}, \frac{1}{8}, \frac{1}{16}, \ldots\right\}$

c. $c_n = \{0{,}2 ; 0{,}02 ; 0{,}002 ; 0{,}0002 ; \ldots\}$

45 De una progresión geométrica se conocen $a_4 = -\frac{1}{2}$ y $r = \frac{1}{2}$. ¿Cuánto vale el producto de sus seis primeros términos?

46 Se sabe que el tercer término de una progresión geométrica es 1,6, y el sexto, 12,8. Calcula:

a. La razón de la progresión.

b. El primer término.

c. El producto de los seis primeros términos.

47 El producto de los cinco primeros términos de una progresión geométrica es 32768. Si $a_1 = -2$, calcula a_5.

ACTIVIDAD RESUELTA

48 De una progresión geométrica se sabe que $a_1 + a_6 = 33$ y que $P_6 = 32768$. Halla el valor de a_1 y a_6, sabiendo que ambos son positivos.

$$32768 = \sqrt{(a_1 \cdot a_6)^6} = (a_1 \cdot a_6)^3 \Rightarrow$$

Se simplifica el índice de la raíz con el exponente de la potencia.

$$\Rightarrow a_1 \cdot a_6 = \sqrt[3]{32768} = 32$$

Así: $a_1 + a_6 = 33$ y $a_1 \cdot a_6 = 32$.

Despejando a_6 de la segunda ecuación: $a_6 = \frac{32}{a_1}$.

Sustituyendo en la primera ecuación:

$$a_1 + \frac{32}{a_1} = 33 \Rightarrow a_1^2 + 32 = 33a_1 \Rightarrow a_1^2 - 33a_1 + 32 = 0$$

Se resuelve la ecuación de segundo grado y se obtiene como soluciones $a_1 = 1$ y $a_1 = 32$.

Por consiguiente, hay dos soluciones, que son:

$$a_1 = 1 \Rightarrow a_6 = \frac{32}{a_1} = 32 \; ; \; a_1 = 32 \Rightarrow a_6 = \frac{32}{a_1} = 1$$

49 De una progresión geométrica se sabe que $a_1 - a_4 = 26$ y que $P_4 = 729$. Halla el valor de a_1 y a_4, sabiendo que ambos son positivos.

06 Suma de los términos de una progresión geométrica

Vamos a obtener aquí la expresión de la suma de los términos de una progresión geométrica, distinguiendo dos casos:

- Suma de un número finito de términos.
- Suma de los infinitos términos.

06.1 Suma de un número finito de términos de una progresión geométrica

Partamos de la progresión geométrica $\{a_1, a_2, a_3, ..., a_n, ...\}$ para calcular la suma de sus *n* primeros términos:

$$S_n = a_1 + a_2 + a_3 + ... + a_{n-1} + a_n$$

Primero, se multiplican por *r* los dos miembros de la igualdad anterior:

$$S_n \cdot r = a_1 \cdot r + a_2 \cdot r + ... + a_{n-1} \cdot r + a_n \cdot r = a_2 + a_3 + ... + a_n + a_n \cdot r$$

A continuación, se restan las dos expresiones anteriores:

$$\begin{array}{rcl} S_n \cdot r & = & \quad\;\; a_2 + a_3 + ... + a_{n-1} + a_n + a_n \cdot r \\ -\ S_n & = & a_1 + a_2 + a_3 + ... + a_{n-1} + a_n \\ \hline S_n \cdot r - S_n & = & -a_1 + 0 + 0 + ... + 0 + 0 + a_n \cdot r \end{array}$$

Si se saca factor común a S_n en el primer miembro, se obtiene:

$$S_n \cdot (r - 1) = a_n \cdot r - a_1 \Rightarrow S_n = \frac{a_n \cdot r - a_1}{r - 1}$$

Así, la **suma de los *n* primeros términos** de una progresión geométrica es:

$$S_n = \frac{a_n \cdot r - a_1}{r - 1}, \text{ si } r \neq 1$$

Observa

Si $r = 1$, la progresión es constante:

$$(a_n) = \{a_1, a_1, a_1, ..., a_1\}$$

Por consiguiente, la **suma de los *n* primeros términos** es:

$$S_n = a_1 \cdot n$$

Observa

Teniendo en cuenta que $a_n = a_1 \cdot r^{n-1}$, la expresión de la suma también puede ser:

$$S_n = \frac{a_n \cdot r - a_1}{r - 1} = \frac{a_1 \cdot (r^n - 1)}{r - 1}, \text{ si } r \neq 1$$

ACTIVIDADES RESUELTAS

1 En una progresión geométrica cuya razón es $r = \frac{1}{2}$, calcula las potencias r^2, r^3, r^4 y r^{10}.

Observa que las potencias de *r* toman valores cada vez más próximos a cero:

$$r^2 = \left(\frac{1}{2}\right)^2 = \frac{1}{4} = 0{,}25 \; ; \; r^3 = \left(\frac{1}{2}\right)^3 = \frac{1}{8} = 0{,}125$$

$$r^4 = \left(\frac{1}{2}\right)^4 = \frac{1}{16} = 0{,}0625 \; ; \; r^{10} = \left(\frac{1}{2}\right)^{10} = \frac{1}{1024} = 0{,}000977$$

2 Considera la progresión geométrica $a_n = \{2, 4, 8, 16, ...\}$ y calcula la suma de los seis primeros términos.

Para calcular S_6, es necesario determinar primero *r* y a_6.

$$r = \frac{4}{2} = 2 \text{ y } a_6 = 2 \cdot 2^{6-1} = 64$$

Ahora se sustituye en la expresión para calcular la suma de los seis primeros términos:

$$S_6 = \frac{64 \cdot 2 - 2}{2 - 1} = 128 - 2 = 126$$

06.2 Suma de los infinitos términos de una progresión geométrica con | r | < 1

Considera una progresión geométrica en la que $|r| < 1$, es decir, $-1 < r < 1$. En este caso, para calcular la suma de todos sus términos, hay que tener en cuenta la expresión de la suma de los *n* primeros términos obtenida anteriormente:

$$S_n = \frac{a_1 \cdot r^n - a_1}{r - 1}$$

Como $-1 < r < 1$, a medida que se van sumando términos, r^n se acerca cada vez más a cero; luego, $a_1 \cdot r^n$ se aproxima más a cero.

Por tanto, puede considerarse que $a_1 \cdot r^n = 0$, cuando *n* es un número muy grande. Al sustituir $a_1 \cdot r^n = 0$ en la expresión de la suma:

$$S_n = \frac{a_1 \cdot r^n - a_1}{r - 1} = \frac{-a_1}{r - 1} = \frac{a_1}{-(r - 1)} = \frac{a_1}{1 - r}$$

La **suma de los infinitos términos** de una progresión geométrica con razón $|r| < 1$ es:

$$S_\infty = \frac{a_1}{1 - r}, \text{ si } |r| < 1$$

ACTIVIDADES

50 Dada la progresión geométrica $a_n = \{1, 3, 9, 27, \ldots\}$, halla su término general y la suma de los diez primeros términos.

51 Efectúa la suma $1 + 5 + 25 + \ldots + 5^6$.

52 Halla el término general y la suma de los infinitos términos de una progresión geométrica de la que se conocen $a_1 = 4$ y $r = 0{,}2$.

53 Determina, si es posible, la suma de todos los términos de estas progresiones geométricas:

a. $a_n = \left\{-3, -1, -\frac{1}{3}, -\frac{1}{9}, \ldots\right\}$

b. $b_n = \{0{,}1 \,;\, 0{,}4 \,;\, 1{,}6 \,;\, 6{,}4 \,;\, \ldots\}$

c. $c_n = \left\{1, \frac{1}{10}, \frac{1}{100}, \frac{1}{1000}, \ldots\right\}$

54 Calcula la suma de las doce primeras potencias de 4.

55 En una progresión geométrica, $a_1 = \frac{1}{4}$ y $S_\infty = \frac{1}{2}$. ¿Cuánto vale la razón?

56 Calcula la suma de los infinitos términos de una progresión geométrica de razón 0,7, cuyo primer término es 4.

57 Se sabe que en una progresión geométrica $a_3 = 0{,}002$ y $a_7 = 0{,}000\,000\,2$. Calcula:

a. La razón, teniendo en cuenta que es positiva.

b. El primer término.

c. El noveno término.

d. La suma de los nueve primeros términos.

e. La suma de los infinitos términos.

58 Un grupo de amigos quiere hacer un tramo del Camino de Santiago. El primer día recorren 40 km; el segundo día, 20 km; el tercero, 10 km, y así sucesivamente. ¿Cuántos kilómetros habrán recorrido en una semana?

59 Cuenta la leyenda que el inventor del ajedrez enseñó a jugar a un príncipe, el cual prometió regalarle lo que pidiera. El inventor del juego solicitó un grano de trigo por la primera casilla del tablero, dos por la segunda, el doble por la tercera, y así hasta llegar a la casilla 64. Al príncipe no le pareció un precio desorbitado y aceptó, pero no tardó en darse cuenta de que la demanda era imposible de pagar, ya que no había en el reino trigo suficiente. ¿Cuántos granos de trigo había pedido en total el inventor del ajedrez?

07 Aplicaciones

Las aplicaciones de las sucesiones son numerosas, pero nos vamos a centrar en las siguientes:

- La obtención de la fracción generatriz de los decimales periódicos a partir de la suma de los infinitos términos de una progresión geométrica.
- La obtención de la expresión del interés compuesto a partir del término general de una progresión geométrica.

07.1 Fracción generatriz de los decimales periódicos

Decimales periódicos puros

Vamos a calcular la fracción generatriz del número $5,\widehat{7}$.

Observa que el número $5,\widehat{7}$ se puede expresar como $5,\widehat{7} = 5 + 0,\widehat{7}$.

A su vez, es posible expresar la parte periódica como una suma de fracciones cuyos denominadores son potencias de base 10:

$$0,\widehat{7} = 0,777... = 0,7 + 0,07 + 0,007 + ... = \frac{7}{10} + \frac{7}{100} + \frac{7}{1000} + ... = \frac{7}{10} + \frac{7}{10^2} + \frac{7}{10^3} + ...$$

Repara en que en esta última expresión se obtiene la suma de los infinitos términos de una progresión geométrica en la que $a_1 = \frac{7}{10}$ y $r = \frac{1}{10}$. Puesto que $|r| = \frac{1}{10} < 1$, puede aplicarse la expresión de la suma de los infinitos términos, $S_\infty = \frac{a_1}{1 - r}$:

$$5,\widehat{7} = 5 + \frac{\frac{7}{10}}{1 - \frac{1}{10}} = 5 + \frac{\frac{7}{10}}{\frac{9}{10}} = 5 + \frac{7}{9} = \frac{52}{9}$$

Decimales periódicos mixtos

Calculemos ahora la fracción generatriz del número $4,1\widehat{53}$.

El número $4,1\widehat{53}$ se puede expresar como $4,1\widehat{53} = 4,1 + 0,0\widehat{53}$.

Ahora bien:

$$0,0\widehat{53} = 0,05353... = 0,053 + 0,00053 + 0,0000053 + ... =$$

$$= \frac{53}{1000} + \frac{53}{100000} + \frac{53}{10000000} + ... = \frac{53}{1000} + \frac{53}{1000 \cdot 10^2} + \frac{53}{1000 \cdot 10^4} + ...$$

Observamos que esta última expresión es la suma de los infinitos términos de una progresión geométrica en la que $a_1 = \frac{53}{1000}$ y $r = \frac{1}{10^2}$. Como $|r| = \frac{1}{100} < 1$, es posible aplicar la expresión de la suma de los infinitos términos:

$$4,1\widehat{53} = 4,1 + \frac{\frac{53}{1000}}{1 - \frac{1}{100}} = 4,1 + \frac{\frac{53}{1000}}{\frac{99}{100}} = 4,1 + \frac{53}{990} = \frac{41}{10} + \frac{53}{990} = \frac{4112}{990}$$

Observa

Las fracciones generatrices obtenidas de $5,\widehat{7}$ y $4,1\widehat{53}$ coinciden con las que resultan a partir de su expresión:

- La fracción generatriz de $5,\widehat{7}$ es:

$$5,\widehat{7} = \frac{57 - 5}{9} = \frac{52}{9}$$

- La fracción generatriz de $4,1\widehat{53}$ es:

$$4,1\widehat{53} = \frac{4153 - 41}{990} = \frac{4112}{990}$$

07.2 Interés simple y compuesto

Interés simple

El **interés simple, I,** es el beneficio que se obtiene al invertir un capital inicial, C_I, durante un período de tiempo, *t* (en años), a un rédito determinado, *r* (en %), de modo que el capital inicial permanezca constante, es decir, que los intereses se retiran al finalizar cada período de inversión.

Su expresión es $I = C_I \cdot \frac{r}{100} \cdot t$.

Interés compuesto

El **interés compuesto** es el beneficio que se obtiene al invertir un capital inicial, C_I, durante un período de tiempo, *t* (en años), a un rédito determinado, *r* (en %), de modo que los intereses no se retiran al término de cada período de inversión, sino que se añaden al capital inicial. Es decir, cada año, el capital inicial es igual al capital final (C_F) del año anterior.

El capital final al concluir cada año será:

1.er año: $C_{F1} = C_I + I = C_I + C_I \cdot \frac{r}{100} \cdot 1 = C_I \cdot \left(1 + \frac{r}{100} \cdot 1\right) = C_I \cdot \left(1 + \frac{r}{100}\right)$

2.º año: $C_F = C_{F1} + C_{F1} \cdot \frac{r}{100} \cdot 1 = C_{F1} \cdot \left(1 + \frac{r}{100}\right) = C_I \cdot \left(1 + \frac{r}{100}\right)^2$

Repitiendo el proceso, se observa que la sucesión formada por los capitales finales es una progresión geométrica en la que $a_1 = C_I$ y $r = 1 + \frac{r}{100}$.

El capital final obtenido al concluir el último año es $C_F = C_I \cdot \left(1 + \frac{r}{100}\right)^t$.

Períodos de inversión

- Si el período de tiempo es **mensual:**

Interés simple

$$C_F = C_I \cdot \left(1 + \frac{r}{1200} \cdot t\right)$$

Interés compuesto

$$C_F = C_I \cdot \left(1 + \frac{r}{1200}\right)^t$$

- Si el período de tiempo es **diario:**

Interés simple

$$C_F = C_I \cdot \left(1 + \frac{r}{36\,000} \cdot t\right)$$

Interés compuesto

$$C_F = C_I \cdot \left(1 + \frac{r}{36\,000}\right)^t$$

ACTIVIDADES

60 Halla la fracción generatriz de los siguientes números decimales periódicos puros:

a. $0,\widehat{7}$ **b.** $4,\widehat{58}$ **c.** $12,\widehat{4}$ **d.** $1,\widehat{6}$

61 Establece la fracción generatriz de estos números decimales periódicos mixtos:

a. $0,0\widehat{32}$ **b.** $3,7\widehat{8}$ **c.** $6,0\widehat{5}$ **d.** $9,3\widehat{64}$

62 Calcula el capital final y el beneficio obtenido al invertir 15 000 € durante 8 años, al 3 % de interés simple anual y al mismo interés compuesto anual.

63 ¿Cuánto dinero ha de invertir Berta durante 4 años al 5 % de interés compuesto anual para que se convierta en un capital de 9 724,05 €?

64 ¿A qué rédito invirtió Sofía un capital de 5 000 € a interés compuesto anual para que en 3 años se haya convertido en 5 624,32 €?

65 En el banco A ofrecen un interés simple del 5 % anual por depositar un capital de 6 000 € durante 3 años. En el banco B, por la misma cantidad y durante el mismo tiempo, ofrecen un interés compuesto del 5 % anual. ¿Qué banco oferta mejores condiciones?

HERRAMIENTAS TECNOLÓGICAS

Progresiones aritméticas y geométricas con Wiris

Este programa nos permite identificar los tipos de progresiones, calcular la diferencia de una progresión aritmética y la razón de una progresión geométrica, así como efectuar operaciones con progresiones.

Identificación de progresiones aritméticas y geométricas

Para averiguar si una sucesión es una progresión aritmética o geométrica, se selecciona el menú [Operaciones] y se escribe el comando **a = progresión(a_1, a_2, a_3);** a continuación, se pulsa [=] y el programa nos responde con el término general y el tipo de progresión. (A)

Cálculo de la diferencia de una progresión aritmética

Para calcular la diferencia de una progresión aritmética, se escribe la progresión, se pulsa *Intro* y se introduce el comando **paso(a).** Al pulsar en [=], aparecerá la diferencia. (B)

Cálculo de la razón de una progresión geométrica

Para calcular la razón de una progresión geométrica, se procede igual que en el caso de la diferencia, pero en este caso se empleará el comando **razón(a).** (C)

Cálculo de términos de una sucesión

Si se desea calcular los *k* primeros términos de una sucesión, a partir de su término general, se tiene que emplear el comando **aplicar_función(n → an, 1..k),** donde el símbolo [↦] se obtiene de la barra de menús [Símbolos]. (D)

Suma de los términos de una progresión aritmética y geométrica

a. Para calcular la suma de los k primeros términos de una progresión, aritmética o geométrica, se utiliza el símbolo [Σ], que se encuentra en la barra de menús [Operaciones]. En la parte inferior, a la izquierda del signo igual, se escribe *n*, y a la derecha, 1. En la parte superior, se introduce el número de términos que se va a sumar, *k*.

b. Para calcular la suma de los infinitos términos de una progresión geométrica de razón | r | < 1, se escribe en el símbolo de la suma y el símbolo [+∞] en lugar de *k*, que se encuentra en el menú [Símbolos]. (E)

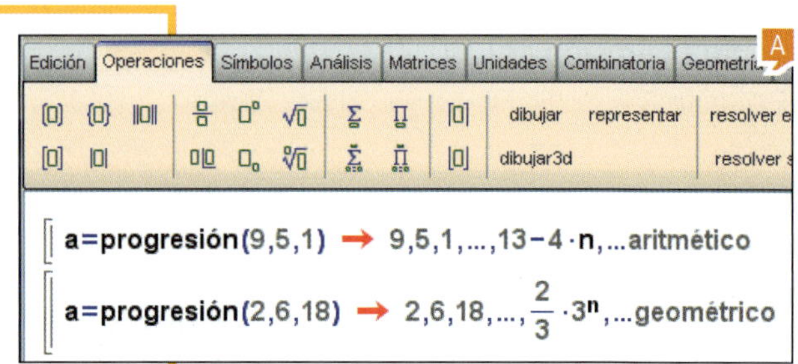

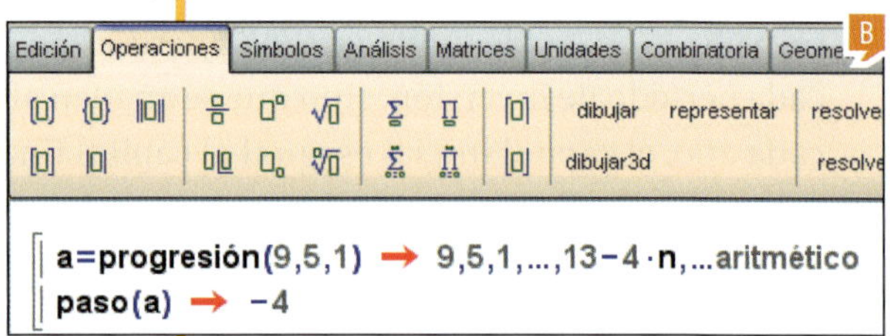

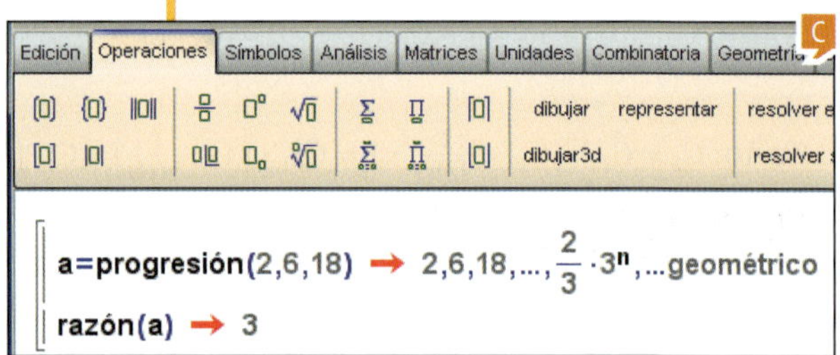

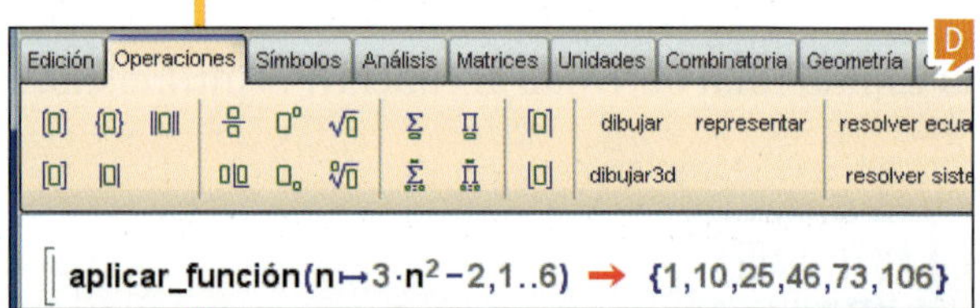

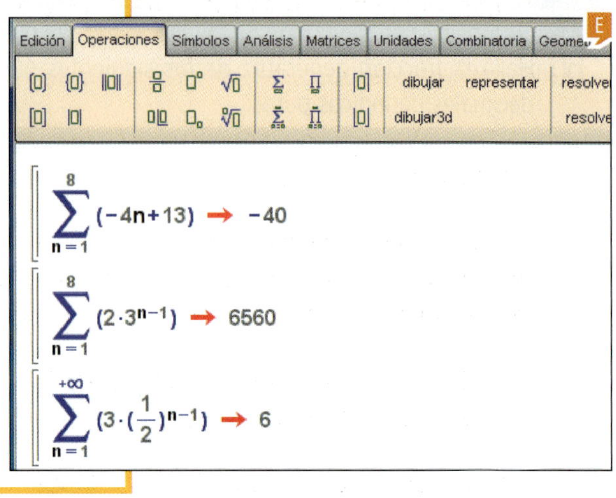

APRENDO A APRENDER

Copia, completa e ilustra en tu cuaderno el siguiente mapa conceptual y después contesta las preguntas. También lo puedes realizar en el ordenador con el programa **CmapTools.**

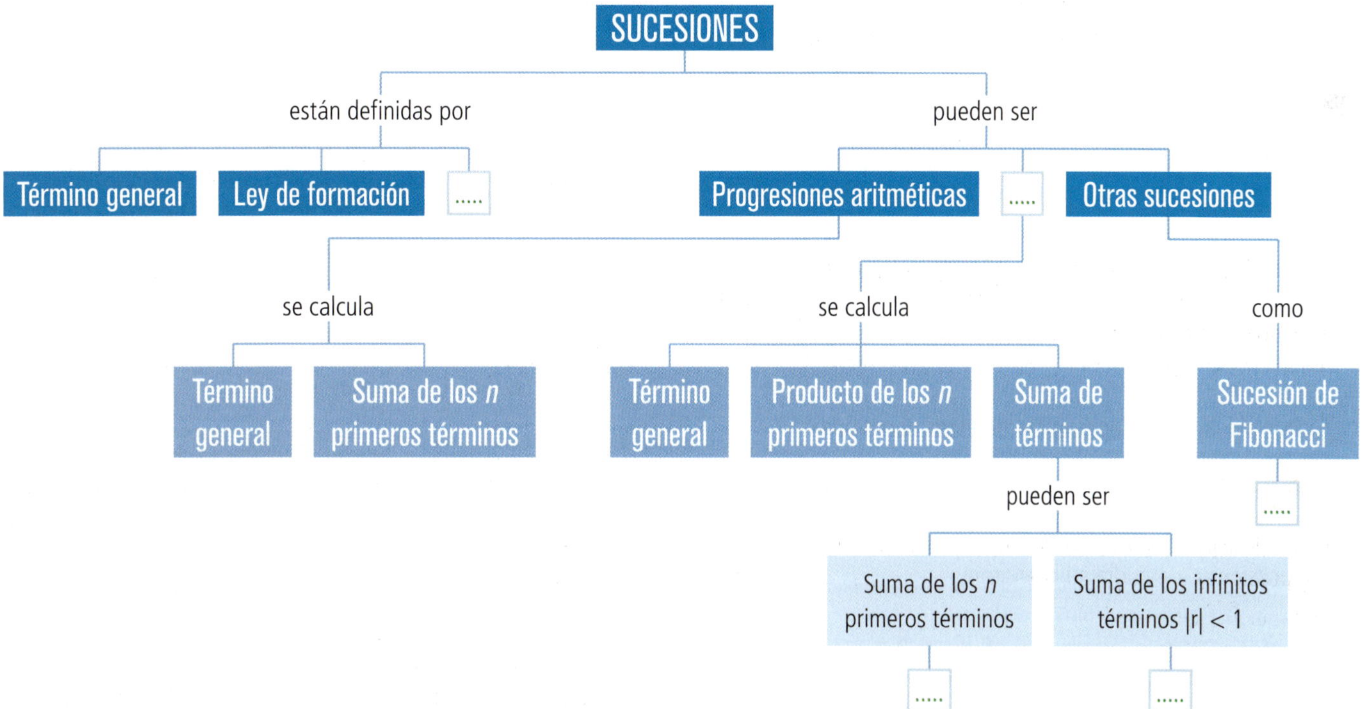

ACTIVIDADES

1 ¿Cuál es la diferencia entre progresión aritmética y progresión geométrica? Pon un ejemplo de cada tipo.

2 Halla el término general y la suma de los siete primeros términos de cada uno de los ejemplos del apartado anterior.

3 Pon un ejemplo de progresión geométrica con razón r = 0,7. ¿Se puede calcular la suma de todos los términos de esta progresión? En caso afirmativo, hállala.

4 ¿Puede existir una progresión geométrica con $a_1 = 0$? Razona la respuesta con tu compañero.

5 ¿Puede haber una progresión geométrica en la que todos los términos sean negativos? Razona la respuesta con tu compañero. En caso afirmativo, poned un ejemplo.

6 ¿Qué signo tiene la diferencia de una progresión aritmética creciente? ¿Y si es decreciente?

7 ¿Cómo es una progresión aritmética con d = 0?

8 ¿Qué condiciones debe cumplir una progresión aritmética para que todos sus términos sean positivos?

9 ¿Qué es una ley de recurrencia?

10 Construye una sucesión definida por una ley de recurrencia. Halla su sexto término.

11 ¿Puede una sucesión ser una progresión aritmética y geométrica a la vez? En caso afirmativo, ilústralo con un ejemplo.

12 ¿Cómo ha de ser la razón de una progresión geométrica para que sea alternada?

13 ¿Cuál es la expresión del producto de los *n* primeros términos de una progresión geométrica de razón 1?

14 Prepara una presentación para tus compañeros. Puedes hacer un documento PowerPoint, usar Glogster …

REPASO FINAL

SUCESIONES

1 Averigua si el 3 es un término de alguna de las siguientes sucesiones:

a. $a_n = 3n^2$ **c.** $c_n = \dfrac{n+1}{2}$

b. $b_n = \sqrt{n^2 - 1}$ **d.** $d_n = 5n - 4$

2 Encuentra el término general y a_8 de las siguientes sucesiones:

a. $a_n = \left\{1, \dfrac{1}{4}, \dfrac{1}{9}, \dfrac{1}{16}, \ldots\right\}$ **c.** $c_n = \{7, 14, 21, 28, \ldots\}$

b. $b_n = \left\{\dfrac{1}{3}, \dfrac{-1}{9}, \dfrac{1}{27}, \dfrac{-1}{81}, \ldots\right\}$ **d.** $d_n = \left\{\dfrac{2}{5}, \dfrac{4}{5}, \dfrac{6}{5}, \dfrac{8}{5}, \ldots\right\}$

3 ⊕ Halla la ley de recurrencia de estas sucesiones:

a. $a_n = \{3, 7, 15, 21, \ldots\}$ **b.** $b_n = \{1, 2, 5, 13, \ldots\}$

4 Determina los cuatro primeros términos de las siguientes sucesiones y estudia su monotonía:

a. $a_n = \dfrac{n^2}{n-5}$ **c.** $c_n = 3 + \dfrac{1}{n}$

b. $b_n = \dfrac{(-2)^n}{4}$ **d.** $d_n = -1 + 2^{n+1}$

5 ⊕⊕ Pitágoras y sus discípulos descubrieron pautas numéricas en la disposición geométrica de los números y, en función de ellas, los incluyeron dentro de una u otra categoría geométrica. Así, hablaban de números triangulares, cuadrados, pentagonales... Las siguientes eran algunas construcciones geométricas pitagóricas, en las que cada figura representa un número en función de la cantidad de puntos que contiene:

TRIANGULARES

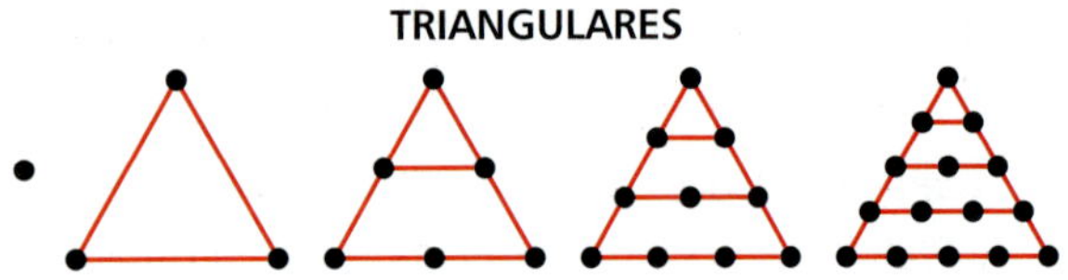

CUADRADOS

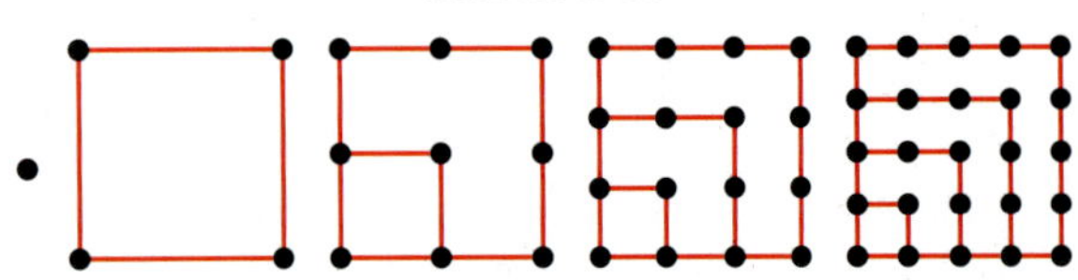

Encuentra el término general de la sucesión de los números triangulares y cuadrados.

PROGRESIONES ARITMÉTICAS

6 Comprueba si las siguientes sucesiones son progresiones aritméticas. En caso afirmativo, halla la diferencia y el término general. Utiliza Wiris para comprobar tus resultados.

a. $a_n = \{-7, -5, -3, -1, \ldots\}$ **c.** $c_n = \{4, 7, 5, 8, \ldots\}$

b. $b_n = \left\{\dfrac{3}{2}, \dfrac{5}{2}, \dfrac{7}{2}, \dfrac{9}{2}, \ldots\right\}$ **d.** $d_n = \left\{\sqrt{2}, \sqrt{5}, \sqrt{8}, \sqrt{11}, \ldots\right\}$

7 Interpola cuatro medios aritméticos entre estos números:

a. 5 y 20 **b.** $\dfrac{3}{4}$ y $\dfrac{49}{12}$

8 ⊕⊕ Halla el término general de una progresión aritmética en la que $a_4 = -2$ y $a_3 + a_{10} = 6$.

9 ⊕⊕ Comprueba si los polinomios $4x + 2$, $x^2 + 4x$ y $2x^2 + 4x - 2$ están en progresión aritmética. En caso afirmativo, halla la diferencia y el octavo término.

10 Sea a_n la sucesión de Fibonacci y b_n la sucesión: $b_1 = 1$, $b_n = \dfrac{a_n}{a_{n-1}}$. ¿A qué importante número irracional se aproximan cada vez más sus términos?

SUMA DE LOS TÉRMINOS DE UNA PROGRESIÓN ARITMÉTICA

11 Calcula la suma de los nueve primeros términos de una progresión aritmética en la que $a_1 = 6$ y $d = -2$.

12 ⊕ La suma de los k primeros términos de una progresión aritmética es 200. Si $a_k = 68$ y $a_1 = 32$, ¿cuántos términos de la progresión se han sumado?

13 ⊕ Una papelería vende a 10 € el primer lote de cuadernos, a 9,50 € el segundo lote, a 9 € el tercero, y así sucesivamente. ¿Cuánto habría que pagar por ocho lotes de cuadernos?

PROGRESIONES GEOMÉTRICAS

14 Comprueba si las siguientes sucesiones son progresiones geométricas. En caso afirmativo, halla la razón y el término general. Comprueba tus resultados con Wiris.

a. $a_n = \left\{25, 5, 1, \dfrac{1}{5}, \ldots\right\}$ **c.** $c_n = \{2, 10, -50, -250, \ldots\}$

b. $b_n = \{1, 6, 36, 216, \ldots\}$ **d.** $d_n = \left\{\sqrt{7}, 7, 7\sqrt{7}, 49, \ldots\right\}$

15 Halla la razón y el término general de una progresión geométrica de la que se conocen $a_1 = 32$ y $a_6 = 1$.

16 Encuentra el primer término de una progresión geométrica de la que se conocen $a_5 = 0{,}001$ y $r = 0{,}1$.

17 Interpola tres medios geométricos entre los números:

a. 4 y 324

b. 10 y $\frac{2}{125}$

18 ⊕ Una bicicleta ha costado 250 €. Si cada año pierde un 10 % de su valor, ¿qué precio tendrá dentro de 5 años?

PRODUCTO DE LOS TÉRMINOS DE UNA PROGRESIÓN GEOMÉTRICA

19 Calcula el producto de los ocho primeros términos de una progresión geométrica en la que $a_1 = \frac{1}{243}$ y $a_8 = 2\,187$.

20 ⊕ Sabiendo que en una progresión geométrica $a_5 = 16$ y $P_5 = 1\,024$, calcula a_1.

SUMA DE LOS TÉRMINOS DE UNA PROGRESIÓN GEOMÉTRICA

21 ⊕ De una progresión geométrica se conocen la razón, $r = 2$, y la suma de los cinco primeros términos, $S_5 = 279$. Calcula a_1.

22 ⊕ Halla tres números en progresión geométrica sabiendo que su suma es 525, y su producto, 1 000 000.

23 ⊕⊕ De una progresión geométrica se sabe que $S_\infty = 20$ y $a_1 + a_2 = 18{,}2$. Calcula a_1.

24 ⊕⊕ ¿Cuántos términos se han tomado de una progresión geométrica, sabiendo que el primer término es $\frac{1}{8}$; el último término, 2, y su suma, $\frac{31}{8}$?

APLICACIONES

25 Encuentra la fracción generatriz de los siguientes números decimales periódicos:

a. $0{,}\widehat{4}$

b. $1{,}\widehat{8}$

c. $6{,}\widehat{25}$

d. $0{,}5\widehat{2}$

e. $2{,}6\widehat{28}$

f. $4{,}0\widehat{1}$

26 Calcula el capital final obtenido al poner 10 000 € al 7 % de interés compuesto anual durante 3 y 5 años.

EVALUACIÓN

1 Señala cuál de los términos generales que se presentan a continuación se corresponde con la siguiente sucesión:

$$a_n = \left\{1, \frac{1}{2}, \frac{3}{7}, \frac{2}{5}, \ldots\right\}$$

a. $a_n = \dfrac{n}{3n+2}$

b. $a_n = \dfrac{2n}{3n+2}$

c. $a_n = \dfrac{n}{3n-2}$

d. $a_n = \dfrac{2n}{3n-2}$

2 Sean las sucesiones $a_n = \left\{18, 6, 2, \frac{2}{3}, \ldots\right\}$ y $b_n = \{-3, 3, 9, 15, \ldots\}$; indica cuál de las siguientes afirmaciones es cierta:

a. Las dos sucesiones son progresiones aritméticas.

b. La sucesión a_n es una progresión geométrica, y la sucesión b_n, una progresión aritmética.

c. Las dos sucesiones son progresiones geométricas.

d. La sucesión b_n es una progresión geométrica, y la sucesión a_n, una progresión aritmética.

3 De una progresión aritmética se sabe que $d = 0{,}7$ y $a_8 = 9$. ¿Cuál es el valor de a_1?

a. 2,7 b. 8,3 c. 3,4 d. 4,1

4 En una progresión geométrica $a_1 = 243$ y $r = \frac{4}{3}$. El valor de la suma de los seis primeros términos y de la de todos sus términos es, respectivamente:

a. $S_6 = 3\,367$ y $S_\infty = -729$

b. $S_6 = 3\,367$ y $S_\infty = 729$

c. $S_6 = 3\,367$ y S_∞ no se puede calcular.

d. No se pueden calcular ninguna de las dos sumas.

5 El beneficio obtenido al poner 5 000 € al 4 % de interés compuesto anual durante 3 años es:

a. 5 624,32 €

b. 5 600 €

c. 600 €

d. 624,32 €

6 Una progresión geométrica en la que $a_1 = 5$ y $S_\infty = 12$ tiene por razón:

a. $\frac{7}{12}$ b. $\frac{12}{7}$ c. $\frac{17}{12}$ d. $\frac{12}{17}$

DIARIO DE APRENDIZAJE

¿Para qué me ha servido lo que he estudiado en esta unidad?

04 Polinomios

¿Qué tipo de dificultades preveo que puedo tener en esta unidad a la vista de los contenidos que se van a tratar?

La ecuación de Einstein es una de las más famosas de la ciencia. Busca información sobre qué representa cada uno de sus términos, así como su historia, y prepara una serie de preguntas sobre ello para debatir con tus compañeros.

01 Polinomios. Valor numérico

> Un **polinomio** es una expresión algebraica formada por la suma o resta de dos o más monomios no semejantes.

Las siguientes expresiones son polinomios: $3x^3 - 5x$, $2a^2b^3 + ab^2 - 5a$, $4x - 3y$; por el contrario, esta otra expresión no es un polinomio: $\frac{2}{x} + \sqrt{x^3}$.

Los polinomios se designan con una letra mayúscula seguida, entre paréntesis, de las variables de las que depende. Así, por ejemplo, $P(x) = 5x^2 - 3x + 2$ es un polinomio con una variable, x, mientras que el polinomio $Q(x, y) = -2x^5y^3 + 4xy - x$, por su parte, tiene dos variables, x e y.

Las variables de las que depende un polinomio reciben también la denominación de **incógnitas** o **indeterminadas.**

Elementos de un polinomio

Los elementos de un polinomio son:

Grado: es el mayor de los grados de sus monomios.

Términos: son cada uno de los monomios que componen el polinomio.

Término independiente: es el monomio de grado cero, es decir, el que no tiene parte literal.

$$2x^3 + 5x^2 - 3x + 6$$

Coeficiente principal: es el número del monomio de mayor grado.

Coeficientes de un polinomio: son la parte numérica de cada uno de sus monomios.

Tipos de polinomios

Si un polinomio tiene dos o tres términos, se llama **binomio** o **trinomio**, respectivamente:

$x + 3 \rightarrow$ binomio $\quad x^6 + 4x - 1 \rightarrow$ trinomio

Polinomio reducido

Es un polinomio que no tiene términos semejantes:

$P(x) = 4x^2 + 2x - 6x^2 + 3 + 8x =$
$= \underbrace{-2x^2 + 10x + 3}_{\text{polinomio reducido}}$

Polinomio completo

Es un polinomio en el que aparecen todos los términos de grado inferior al grado del polinomio; en caso contrario, es **incompleto:**

$P(x) = 5x^4 - 3x^3 + x^2 + 6x - 2$ es un polinomio completo.

$Q(x) = 7x^3 - 4x + 5$ es un polinomio incompleto, pues falta el término x^2.

Polinomio ordenado

Es un polinomio cuyos términos están ordenados de mayor a menor grado:

$P(x) = 2x^5 - 3x^4 + 2x - 1$ polinomio ordenado.

$Q(x) = 3x^3 + 5x^4 - x + 8$ polinomio desordenado.

Recuerda

Un **monomio** es una expresión algebraica en la que las variables solo tienen operaciones de producto y de potencia de exponente natural:

$4x^5 \quad -x \quad 6x$

Recuerda

Dos **monomios** son **semejantes** si tienen la misma parte literal, es decir, las mismas letras elevadas a los mismos exponentes:

$3ab^2$ y $-4ab^2$ son semejantes.

Recuerda

El **grado** de un monomio es la suma de los exponentes de las letras de la parte literal:

$5x^2$ es de grado 2.

$3x^2y^4$ es de grado 6.

Recuerda

El **polinomio cero** es el que tiene todos sus coeficientes iguales a cero.

01.1 Valor numérico de un polinomio

El **valor numérico** de un polinomio es el resultado que se obtiene al sustituir las variables por números determinados y hacer las operaciones indicadas.

Si el polinomio es P (x) y el número por el que se quiere sustituir es x = a, el valor numérico se designa mediante P (a), y el resultado será un número.

Así, el valor numérico del polinomio P (x) = $4x^2 - 5x + 3$, para $x = -2$, es:

$$P(-2) = 4 \cdot (-2)^2 - 5 \cdot (-2) + 3 = 4 \cdot 4 - 5 \cdot (-2) + 3 = 16 + 10 + 3 = 29$$

Y el valor numérico del polinomio P (x , y) = $3x^2y + 6xy^2 - 2x$, para $x = 4$ e $y = -1$, es:

$$P(4, -1) = 3 \cdot 4^2 \cdot (-1) + 6 \cdot 4 \cdot (-1)^2 - 2 \cdot 4 = -48 + 24 - 8 = -32$$

Si el valor numérico de un polinomio en x = a es cero, se dice que a es una **raíz** del polinomio.

Por ejemplo, al calcular el valor numérico del polinomio P (x) = $x^2 - 2x - 3$ para $x = 3$, el resultado es P (3) = $3^2 - 2 \cdot 3 - 3 = 9 - 6 - 3 = 0$. Como se ha obtenido valor cero, se dice que $x = 3$ es una raíz del polinomio P (x).

ACTIVIDADES

1 ¿Cuáles de las siguientes expresiones algebraicas son polinomios?

a. $\dfrac{2x^3 - 5x}{4}$

b. $\dfrac{1}{5}x^4 - \dfrac{6}{5}x^2 + 3$

c. $\dfrac{2}{4x^2 + x - 1}$

d. $x^2 - 3 + 4x - 5x^2 + 6x$

2 Dado el polinomio P (x) = $-3x^4 + 5x - 4x^4 - 1 + 6x - 2x$:

a. Redúcelo y escríbelo como un polinomio ordenado.

b. Determina su grado.

c. Indica cuántos términos tiene. ¿Cuál es el término independiente?

d. Señala si se trata de un polinomio completo. En caso contrario, ¿qué términos le faltan?

3 Reduce estos polinomios e indica el grado, el número de términos, las variables, el coeficiente principal y el término independiente.

a. A (x) = $-4x^5 + 2x - 5x^4 - 7 + 3x^5 - 6x^4 + 3x$

b. B (y) = $8 - 5y + y^2 + 3 - 4y - y^2 + 6y - 2$

c. C (x , y) = $2x^2y^2 + 9xy^2 - 5y^2x + 3x^2y^2 - 3xy^2$

4 Halla el valor numérico del polinomio P (x) = $4x^3 - 3x^2 + x - 2$ para los valores:

a. $x = 5$ b. $x = -3$ c. $x = 0$ d. $x = \dfrac{2}{3}$

5 Calcula el valor numérico de los polinomios propuestos para $a = 2$ y $b = -3$.

a. A (a , b) = $a^2 + 4ab - b$

b. B (a , b) = $-5a^2b + a^3b^2 + 6b^2$

c. C (a , b) = $\dfrac{1}{2}a^3b - \dfrac{2}{9}b^3 + 3a - \dfrac{5}{3}b^2$

6 Determina si alguno de los siguientes valores de x es raíz del polinomio A (x) = $2x^3 + 9x^2 - 11x - 30$:

a. $x = 2$ b. $x = -1$ c. $x = -5$ d. $x = -\dfrac{3}{2}$

7 Determina el valor que tiene m para que el polinomio P (x) = $-x^3 + mx^2 - 4x + 2$ cumpla que P (−1) = 8.

8 En grupos, hallad el valor numérico del polinomio P (x) = $x^2 + x + 41$ para los números enteros 0, 1, 2, …, 39. ¿Qué tienen en común todos los números obtenidos?

02 Suma y resta de polinomios

La **suma** y **resta** de **polinomios** se basa en la **suma** y **resta** de **monomios semejantes**, sumando o restando los coeficientes y dejando la misma parte literal.

Recuerda

El **grado** del polinomio suma o resta es menor o igual que el máximo de los grados de los polinomios:

$$\text{gr}(A \pm B) \leq \text{máx}\,[(\text{gr}(A),\ \text{gr}(B)]$$

Suma de polinomios

Sean los polinomios $A(x) = 5x^3 - 4x^2 + 3x - 2$ y $B(x) = 2x^4 + 3x^3 - 5x - 1$; si queremos sumarlos, podemos hacerlo de dos maneras diferentes:

En línea

Se escribe un polinomio detrás del otro, ambos entre paréntesis, con los monomios ordenados de mayor a menor y con el signo + entre ellos, y, a continuación, se suman los monomios semejantes.

$$A(x) + B(x) = (5x^3 - 4x^2 + 3x - 2) + (2x^4 + 3x^3 - 5x - 1) =$$
$$= 2x^4 + (5x^3 + 3x^3) - 4x^2 + (3x - 5x) + (-2 - 1) =$$
$$= 2x^4 + 8x^3 - 4x^2 - 2x - 3$$

En columna

Se ordenan los polinomios de mayor a menor y se coloca uno encima del otro, haciendo coincidir los monomios semejantes.

$$\begin{array}{rrrrrr} A(x) \rightarrow & & 5x^3 & -4x^2 & +3x & -2 \\ +\ B(x) \rightarrow & 2x^4 & +3x^3 & & -5x & -1 \\ \hline A(x) + B(x) = & 2x^4 & +8x^3 & -4x^2 & -2x & -3 \end{array}$$

Opuesto de un polinomio

Dado un polinomio, A (x), su **opuesto** es el polinomio cuyos coeficientes son los opuestos de los coeficientes de A (x). Se designa como –A (x). Al sumar ambos polinomios, se obtiene el polinomio cero.

$$\begin{array}{rl} A(x) = & 4x^2 - 3x + 5 \\ +\ -A(x) = & -4x^2 + 3x - 5 \\ \hline A(x) + [-A(x)] = 0 & \end{array}$$

Resta de polinomios

Para **restar dos polinomios, se suma el primero con el opuesto del segundo.**

Como en el caso de la suma, la resta de los polinomios $A(x) = 5x^3 - 4x^2 + 3x - 2$ y $B(x) = 2x^4 + 3x^3 - 5x - 1$ puede efectuarse de dos formas:

En línea

Se suma al primer polinomio el opuesto del segundo, con los monomios ordenados de mayor a menor. ⇒

$$A(x) - B(x) = A(x) + [-B(x)] =$$
$$= (5x^3 - 4x^2 + 3x - 2) - (2x^4 + 3x^3 - 5x - 1) =$$
$$= (5x^3 - 4x^2 + 3x - 2) + (-2x^4 - 3x^3 + 5x + 1) =$$
$$= -2x^4 + (5x^3 - 3x^3) - 4x^2 + (3x + 5x) + (-2 + 1) =$$
$$= -2x^4 + 2x^3 - 4x^2 + 8x - 1$$

En columna

Se ordenan los polinomios de mayor a menor y se coloca el primero encima del opuesto del segundo, de modo que coincidan los monomios semejantes. ⇒

$$\begin{array}{rrrrrr} A(x) & & 5x^3 & -4x^2 & +3x & -2 \\ +\quad -B(x) & -2x^4 & -3x^3 & & +5x & +1 \\ \hline A(x) - B(x) = & -2x^4 & +2x^3 & -4x^2 & +8x & -1 \end{array}$$

02.1 Propiedades de la suma y la resta

Si A (x), B (x) y C (x) son tres polinomios, se verifican con ellos las siguientes propiedades:

Propiedad	Suma	Resta
Conmutativa	$A(x) + B(x) = B(x) + A(x)$	$A(x) - B(x) \neq B(x) - A(x)$
Asociativa	$[A(x) + B(x)] + C(x) = A(x) + [B(x) + C(x)]$	$[A(x) - B(x)] - C(x) \neq A(x) - [B(x) - C(x)]$
Elemento neutro	$A(x) + 0(x) = A(x)$	$A(x) - 0(x) = A(x)$
Elemento opuesto	$A(x) + [-A(x)] = 0(x)$	$A(x) - [-A(x)] \neq 0(x)$

ACTIVIDADES

9 Dados los polinomios:

$A(x) = 3x^2 + 9x - 4$ y $B(x) = -2x^3 + 5x^2 - 3x - 6$

a. Calcula A (x) + B (x) y B (x) + A (x).

b. Halla A (x) – B (x) y B (x) – A (x).

c. ¿Se obtiene el mismo resultado en las dos sumas del apartado a.?

d. Indica el grado de los polinomios A (x), B (x), A (x) + B (x) y A (x) – B (x).

10 Realiza las siguientes sumas y restas de polinomios:

a. $(3x^4 - 5x^3 + 2x^2 - x + 4) + (-x^4 - 3x^3 + 5x^2 + 6x - 1)$

b. $(-6x^8 + 5x^6 - 3x^4 - x^2 + 2) - (2x^7 + 5x^4 - x^2 + 2)$

c. $(11x^3 - 2x^2 + 4x - 5) + (-7x^3 + 2x^2 - 4x - 9)$

d. $(-x^5 + 3x^4 - x - 3) - (-2x^4 + 4x^2 - 5x + 1)$

11 Calcula las expresiones a partir de estos polinomios:

$P(x) = 6x^5 - 3x^3 - x^2 + 3x + 1$

$Q(x) = 2x^4 - 3x^3 - 5x^2 - x$

$R(x) = -x^6 + 3x^4 - 2x^2 + 3x - 7$

a. $P(x) + Q(x) + R(x)$

b. $P(x) - Q(x) + R(x)$

c. $P(x) - Q(x) - R(x)$

d. $-P(x) - Q(x) + R(x)$

e. $[P(x) + Q(x)] - R(x)$

f. $P(x) - [Q(x) - R(x)]$

12 Realiza las siguientes sumas y restas de polinomios:

a. $(4x^2y - 2x^3y^2 + 2x - xy - 1) + (5x^3y^2 - 3x + 5x^2y - xy)$

b. $(-3a^3b^2 + 2a^2b^3 + a^4b - b^2) - (a^4b + a^3b^2 - 4a^2b^3 + 3a^2)$

c. $(\frac{3}{5}xy^3 + 4x^3y - \frac{1}{2}x^3 + 2y^3) - (x^3 + \frac{3}{4}xy^3 - x^3y + 7y^3)$

13 Realiza las siguientes operaciones:

a. $\left(x^4 + \frac{5}{2}x^3 - 2x^2 - 3x\right) + \left(5x^4 - \frac{3}{2}x^3 + x^2 - 3x\right)$

b. $\left(2x^3 + \frac{3}{2}x^2 - \frac{5}{3}x + 4\right) + \left(\frac{2}{5}x^3 + \frac{1}{2}x^2 + \frac{2}{3}x - 1\right)$

c. $\left(-\frac{1}{4}x^5 + \frac{1}{3}x^3 - \frac{1}{5}x + 2\right) - \left(\frac{2}{3}x^5 + \frac{7}{6}x^3 - \frac{8}{5}\right)$

d. $\left(\frac{2x^3}{3} - \frac{5x^2}{12} - \frac{4x}{2}\right) - \left(\frac{4x^3}{3} + \frac{x^2}{6} - \frac{3x}{8} - \frac{5}{2}\right)$

14 Efectúa esta operación y reduce el resultado al máximo:

$(-4x^3 + 5x + 3) - (2x^3 - 2x^2 - 1) + (-x^3 + 4x^2 - 6x - 5) - (x^2 + 4x + 7) + (-2x - 8) - (5x^2 - 2)$

15 Copia en tu cuaderno y sustituye las letras por monomios para que las igualdades se cumplan:

a. $(-3x^3 + \mathbf{A} - 2x + 6) + (2x^3 + 3x^2 + \mathbf{B} - 7) = -x^3 + 5x^2 - x - 1$

b. $(\mathbf{A} + 8x^4 - 2x^3 - \mathbf{B} + 4) + (x^6 + \mathbf{C} - 5x^3 - 3x^2) = 2x^6 - 5x^5 + \mathbf{D} - 7x^2 + 4$

c. $(5x^2y^3 + 3xy^4 + \mathbf{A} - 5x^2) - (-x^2 + \mathbf{B} + 2x^2y - \mathbf{C}) = 2x^2y^3 - \mathbf{D} - 5x^2y - 2xy^4$

16 Dados los polinomios:

$A(x) = 3x^2 - 5x + 2$

$B(x) = x^3 - 4x^2 - x$

$C(x) = 6x^3 + x^2 - 3$

Comprueba que se cumple la propiedad asociativa para la suma de polinomios:

$A(x) + [B(x) + C(x)] = [A(x) + B(x)] + C(x)$

03 Multiplicación de polinomios

La **multiplicación de polinomios** se basa en la **multiplicación de monomios.** Para multiplicar monomios, se multiplican los coeficientes y las partes literales, teniendo en cuenta que estas últimas son un producto de potencias con la misma base y que, por tanto, se suman los exponentes:

$$3x^3 \cdot 5x^2 = 15x^{3+2} = 15x^5$$

Multiplicación de un monomio por un polinomio

Para **multiplicar un monomio por un polinomio,** se multiplica el monomio por cada uno de los monomios que forman el polinomio:

$$3x^2 \cdot (2x^3 - 5x + 4) = 3x^2 \cdot 2x^3 + 3x^2 \cdot (-5x) + 3x^2 \cdot 4 = 6x^5 - 15x^3 + 12x^2$$

Multiplicación de polinomios

Para **multiplicar dos polinomios,** se multiplica cada uno de los monomios del primer polinomio por todos los monomios del segundo polinomio y, después, se suman los monomios semejantes.

La multiplicación de los polinomios $A(x) = 3x^3 - x - 2$ y $B(x) = 5x^2 + 4x - 1$ puede llevarse a cabo de dos maneras diferentes:

En línea

Se escribe un polinomio detrás del otro, entre paréntesis y con el signo de multiplicar entre ambos. Se multiplica cada uno de los monomios del primer polinomio por todos los monomios del segundo polinomio y, a continuación, se suman los monomios semejantes.

$$\begin{aligned} A(x) \cdot B(x) &= (3x^3 - x - 2) \cdot (5x^2 + 4x - 1) = \\ &= 3x^3 \cdot (5x^2 + 4x - 1) - x \cdot (5x^2 + 4x - 1) - 2 \cdot (5x^2 + 4x - 1) = \\ &= 15x^5 + 12x^4 - 3x^3 - 5x^3 - 4x^2 + x - 10x^2 - 8x + 2 = \\ &= 15x^5 + 12x^4 - 8x^3 - 14x^2 - 7x + 2 \end{aligned}$$

En columna

Se coloca un polinomio encima del otro. Procediendo de derecha a izquierda, se multiplica cada monomio del segundo polinomio por todos los monomios del primer polinomio, procurando que coincidan los monomios semejantes a fin de sumarlos. Si falta un monomio de algún grado se deja un hueco.

$$\begin{array}{rrrrrrl} & & 3x^3 & & - x & - 2 & \\ \cdot & & & 5x^2 & + 4x & - 1 & \\ \hline & & -3x^3 & & + x & + 2 & \leftarrow -1 \cdot (3x^3 - x - 2) \\ & 12x^4 & & - 4x^2 & - 8x & & \leftarrow 4x \cdot (3x^3 - x - 2) \\ 15x^5 & & - 5x^3 & - 10x^2 & & & \leftarrow 5x^2 \cdot (3x^3 - x - 2) \\ \hline \end{array}$$

$$A(x) \cdot B(x) = 15x^5 + 12x^4 - 8x^3 - 14x^2 - 7x + 2$$

Recuerda

El **grado** del polinomio producto es igual a la suma de los grados de los polinomios:

$$gr(A \cdot B) = gr(A) + gr(B)$$

Recuerda

Propiedad conmutativa

El producto de polinomios cumple la propiedad conmutativa:

$$A(x) \cdot B(x) = B(x) \cdot A(x)$$

Recuerda

Propiedad asociativa

El producto de polinomios cumple la propiedad asociativa:

$$[A(x) \cdot B(x)] \cdot C(x) = A(x) \cdot [B(x) \cdot C(x)]$$

03.1 Sacar factor común

Sacar factor común consiste en extraer de cada monomio los términos comunes a todos ellos. De esta forma, se transforma la expresión en un producto.

Para sacar factor común al polinomio $P(x) = 3x^2 + 6x$, se procede de la siguiente forma:

1 Se descomponen los monomios en productos de factores más simples.

2 Se buscan los factores comunes a cada monomio. En este caso son 3 y *x*.

3 Se saca el factor común, multiplicando a los monomios obtenidos tras su extracción.

$$P(x) = 3x^2 + 6x = 3 \cdot x \cdot x + 2 \cdot 3 \cdot x = 3 \cdot x \cdot x + 2 \cdot 3 \cdot x = 3x \cdot (x + 2)$$

factor común $3x$

Al sacar factor común a un polinomio, se obtiene el producto de un monomio por otro polinomio. Al realizar este producto, aplicando la propiedad distributiva, se obtiene el polinomio inicial:

Propiedad distributiva →

$$3x \cdot (x + 2) = 3x^2 + 6x$$

← Sacar factor común

De forma análoga se saca factor común en el polinomio $Q(x) = 12x^4 - 8x^3 + 4x^2$, que es $4x^2$:

factor común $4x^2$

$$12x^4 - 8x^3 + 4x^2 = 4 \cdot 3 \cdot x^2 \cdot x^2 - 2 \cdot 4 \cdot x \cdot x^2 + 4 \cdot x^2 = 4x^2 \cdot (3x^2 - 2x + 1)$$

Cuando uno de los sumandos coincide con el factor común, quedará un 1 en su lugar.

Observa

Para calcular el coeficiente factor común, se calcula el m.c.d. de todos los coeficientes del polinomio:

$$P(x) = 3x^2 + 6x = 3x \cdot (x + 2)$$

$$\text{m.c.d.}(3, 6) = 3$$

Recuerda

Propiedad distributiva del producto respecto de la suma

$$A(x) \cdot [B(x) + C(x)] =$$
$$= A(x) \cdot B(x) + A(x) \cdot C(x)$$

Recuerda

Propiedad distributiva del producto respecto de la resta

$$A(x) \cdot [B(x) - C(x)] =$$
$$= A(x) \cdot B(x) - A(x) \cdot C(x)$$

ACTIVIDADES

17 Realiza las siguientes multiplicaciones:

a. $5x^3 \cdot (6x^3 - 2x + 3)$

b. $(x^3 + 7x - 2) \cdot (-x^4)$

c. $(x + 3) \cdot (x + 5)$

d. $(2xy^2 - 5x) \cdot (3x^2y + 1)$

18 Saca factor común de estas expresiones:

a. $-2x^4 + 4x^3 - 6x$

b. $\frac{2}{5}y^3 + \frac{1}{5}y^2 - \frac{3}{5}y$

c. $3xy^2 + 5x^2y - 2x^3y^3$

d. $\frac{8}{3}a^9b^3 - \frac{16}{3}a^7b^4 - 4a^6b^2$

19 Opera y reduce al máximo.

a. $(x^5 - 3x^3) \cdot (2x^3 - x)$

b. $\left(2x^2 + \frac{1}{2}x - 4\right) \cdot \left(-5x^2 - \frac{3}{2}x + 1\right)$

c. $\left(4x^7 - \frac{5}{4}x^6 + \frac{3}{5}x^5\right) \cdot \left(2x^4 - \frac{1}{3}x^2\right)$

d. $\left(\frac{9}{2}x^5 + \frac{5}{3}x^3 - \frac{1}{6}\right) \cdot \left(\frac{1}{4}x^5 - \frac{2}{3}x^3 + \frac{2}{5}\right)$

04 División de polinomios

Para dividir un polinomio, D (x), entre otro, d (x), es necesario que el grado de D (x) sea mayor o igual que el grado de d (x). El proceso de división de polinomios es similar al de una división entre números.

Para dividir el polinomio D (x) = $6x^4 + 23x^3 - 17x + 3$ entre d (x) = $3x^2 + x - 2$, hay que seguir estos pasos:

Recuerda

dividendo → D (x); divisor → d (x); R (x) → resto; c (x) → cociente

$$\begin{array}{l|l} D(x) & d(x) \\ \hline R(x) & c(x) \end{array}$$

1 Se colocan el dividendo y el divisor ordenados de forma decreciente. Si el dividendo no está completo, se deja un hueco en los términos que falten.

$$\begin{array}{l|l} 6x^4 + 23x^3 \qquad - 17x + 3 & 3x^2 + x - 2 \\ \hline \end{array}$$

2 Se halla el primer término del cociente, dividiendo el término de mayor grado del dividendo entre el término de mayor grado del divisor: $6x^4 : 3x^2 = 2x^2$.
Se multiplica el resultado por los monomios del divisor y se disponen debajo de los términos del dividendo que tengan el mismo grado, pero cambiado de signo. Se suman los términos.

$$\begin{array}{l|l} 6x^4 + 23x^3 \qquad - 17x + 3 & 3x^2 + x - 2 \\ \cline{2-2} -6x^4 - 2x^3 + 4x^2 & \boxed{2x^2} \leftarrow 6x^4 : 3x^2 \\ \quad 21x^3 + 4x^2 & \end{array}$$

3 Se baja el siguiente término del dividendo y se repite el proceso.

$$\begin{array}{l|l} 6x^4 + 23x^3 \qquad - 17x + 3 & 3x^2 + x - 2 \\ \cline{2-2} -6x^4 - 2x^3 + 4x^2 \quad \downarrow & 2x^2 + \boxed{7x} \leftarrow 21x^3 : 3x^2 \\ \quad 21x^3 + 4x^2 - 17x & \\ \quad -21x^3 - 7x^2 + 14x & \\ \qquad\quad -3x^2 - 3x & \end{array}$$

4 Se vuelve a bajar el siguiente término del dividendo y a repetir el proceso.

$$\begin{array}{l|l} 6x^4 + 23x^3 \qquad - 17x + 3 & 3x^2 + x - 2 \\ \cline{2-2} -6x^4 - 2x^3 + 4x^2 & 2x^2 + 7x \boxed{-1} \leftarrow -3x^2 : 3x^2 \\ \quad 21x^3 + 4x^2 - 17x & \boxed{\text{cociente}} \\ \quad -21x^3 - 7x^2 + 14x \quad \downarrow & \\ \qquad\quad -3x^2 - 3x + 3 & \\ \qquad\quad 3x^2 + x - 2 & \\ \qquad\qquad -2x + 1 \rightarrow \boxed{\text{resto}} & \end{array}$$

La división termina cuando el grado del resto es menor que el grado del divisor.

En el ejemplo, por tanto, puede comprobarse que la división ha finalizado, ya que el grado del resto es 1 y el del divisor 2.

El cociente de la división es, pues, c (x) = $2x^2 + 7x - 1$, y el resto, r (x) = $-2x + 1$.

Prueba de la división

Al igual que en la división entre números, para comprobar si la división es correcta, se tiene que cumplir que el dividendo sea igual al divisor por el cociente más el resto:

$$D(x) = d(x) \cdot c(x) + r(x)$$

- Si el resto de la división es cero, r $(x) = 0$, la división es **exacta.** En ese caso, se dice que:
  - D (x) es un **múltiplo** de d (x) o que es **divisible** entre d (x).
  - d (x) es un **divisor** de D (x).
- Si el resto es distinto de cero, r $(x) \neq 0$, la división es **entera.**

Grados

grado D $(x) \geq$ grado d (x)

grado c (x) = grado D (x) – grado d (x)

grado r (x) < grado d (x)

ACTIVIDAD RESUELTA

Haz la prueba de la anterior división e indica si se cumple la igualdad:

$6x^4 + 23x^3 - 17x + 3 = (3x^2 + x - 2) \cdot (2x^2 + 7x - 1) + (-2x + 1)$

Se realizan las operaciones:

$(3x^2 + x - 2) \cdot (2x^2 + 7x - 1) + (-2x + 1) = (6x^4 + 23x^3 - 15x + 2) + (-2x + 1) =$
$= 6x^4 + 23x^3 - 17x + 3$

Se comprueba que, en efecto, se cumple la prueba de la división.

ACTIVIDADES

20 Realiza las siguientes divisiones de polinomios entre monomios:

a. $(21x^5 - 9x^4 + 3x^2 - 6x) : (3x)$

b. $(8x^7 + 12x^6 - 20x^4 - 16x^3 - 4x^2) : (-4x^2)$

c. $(x^5 - x^4 - x^3 + x^2) : (-x^2)$

d. $(5x^9 + 10x^8 - 20x^7 + 3x^6 - 2x^4) : (5x^3)$

21 Calcula el cociente y el resto de las siguientes divisiones:

a. $(3x^3 + 13x^2 - 13x + 2) : (3x - 2)$

b. $(x^3 - 12x + 15) : (x - 3)$

c. $(x^7 + x^5 + 6x^4 - 2x^3 + 3x^2 + 7x - 6) : (x^3 + x + 3)$

d. $(-20x^6 + 18x^4 - 29x^2 + 2x + 9) : (5x^2 - 2)$

e. $(-12x^7 + 10x^6 - 2x^5 - 3x^3 + 2x^2 + 3x) : (-3x^3 + x^2)$

22 Halla un polinomio, C (x), que, multiplicado por A $(x) = 6x^3 + 3x^2 - x - 2$, dé como resultado B $(x) = -12x^5 + 18x^4 + 14x^3 - 8x$.

23 Halla el cociente de una división de la que se conocen el dividendo, D $(x) = 2x^5 - 5x^4 - 12x^3 + 4x^2 + 7x - 5$; el divisor, d $(x) = 2x^2 + 3x$, y el resto, r $(x) = x - 5$.

24 Encuentra un polinomio cuya división entre $-3x^2 + 4x - 5$ dé como cociente $2x - 7$ y como resto -4.

25 De una división se conoce el dividendo, D $(x) = 3x^6 - 10x^5 + 3x^4 + 4x^3 - 12x^2 + 2x - 5$; el divisor, d $(x) = x^2 - 3x$, y el cociente, c $(x) = 3x^4 - x^3 + 4x$. Halla el resto sin hacer la división.

26 Halla el divisor de una división de la que se conocen el dividendo, D $(x) = 3x^4 + 12x^3 - 7x^2 - 7x + 4$; el cociente, c $(x) = 3x^2 - 1$, y el resto, r $(x) = -3x + 2$.

27 Sean los polinomios A $(x) = 6x^3 + 5x^2 + 11x + 20$, B $(x) = 3x + 4$ y C $(x) = 2x^2 + 5x - 1$.

a. ¿Es el polinomio A (x) múltiplo de B (x)?

b. ¿Es el polinomio C (x) divisor del polinomio A (x)?

28 Halla el valor de m para que la siguiente división sea exacta: $(-4x^4 + 6x^3 - 11x + m) : (2x + 3)$.

29 Determina el valor de m para que el resto de la siguiente división sea 3: $(20x^3 - 19x^2 + 8x + m) : (5x - 1)$.

30 Piensa un número cualquiera y multiplícalo por 2. Al resultado súmale primero 9 y después el número que pensaste. Divide el resultado entre 3 y al resto súmale 4. Por último, resta al resultado el número que pensaste. ¿Es 7 tu resultado? Demuestra algebraicamente por qué el resultado da siempre 7.

05 Regla de Ruffini. Teorema del resto y del factor

La **regla de Ruffini** es un método sencillo para dividir un polinomio entre un binomio de la forma $x - a$, donde a es un número real.

Veamos la regla a través del ejemplo de la división de $(5x^3 - 8x + 3)$ entre $(x - 2)$.

1 Se colocan los coeficientes del dividendo en la parte superior en orden decreciente. Si falta algún término, se pone un cero.
Debajo, a la izquierda, se sitúa el valor de *a*.
Se baja directamente el primer coeficiente, 5.

Coeficientes del dividendo

	x^3	x^2	x	término independiente
	5	0	−8	3
a = 2	↓	10		
	5			

2 Se multiplica el coeficiente que se ha bajado por el valor de *a*, y el resultado se coloca debajo del segundo coeficiente.

	5	0	−8	3
2		10		
	5			

3 Se suma el segundo coeficiente con el resultado de la multiplicación y se escribe el resultado en la parte inferior.

	5	0	−8	3
		+		
2		10		
	5	10		

4 Se repite el proceso anterior: se multiplica el resultado obtenido de la suma por el valor de *a*, se coloca el resultado debajo del tercer coeficiente y se suman los valores.

	5	0	−8	3
			+	
2		10	20	
	5	10	12	

5 Se repite el paso 4 hasta completar la fila inferior.
En dicha fila, el valor de la derecha es el **resto**, mientras que los valores situados a su izquierda son los **coeficientes de cociente.**
El cociente es un polinomio de un grado menor que el dividendo.

	5	0	−8	3
2		10	20	24
	5	10	12	27 → resto

coeficientes del cociente: $5x^2 + 10x + 12$

El resultado obtenido al aplicar la regla de Ruffini es el mismo que el que se obtendría si se hace la división por el método convencional:

$$
\begin{array}{rrrr|l}
5x^3 & & -8x & +3 & x-2 \\
\hline
-5x^3 & +10x^2 & & & 5x^2+10x+12 \\
\hline
 & 10x^2 & -8x & & \\
 & -10x^2 & +20x & & \\
\hline
 & & 12x & +3 & \\
 & & -12x & +24 & \\
\hline
 & & & 27 &
\end{array}
$$

Teorema del resto

El **resto** de la división del polinomio P (x) entre un binomio de la forma $(x - a)$ es el valor numérico de dicho polinomio para el valor $x = a$.

Si en una división el dividendo es P (x) y el divisor $(x - a)$, aquella se puede expresar del siguiente modo:

$$P(x) = (x - a) \cdot c(x) + r$$

Cuando $x = a$, se tiene que:

$$P(a) = (a - a) \cdot c(a) + r = 0 \cdot c(a) + r = r$$

Así, por ejemplo, a la hora de calcular el resto que resulta de dividir el polinomio $P(x) = -2x^3 + 5x^2 + 3x - 1$ entre $(x - 2)$ sin hacer la división, basta con calcular el valor numérico del polinomio en $x = 2$:

$$P(2) = -2 \cdot 2^3 + 5 \cdot 2^2 + 3 \cdot 2 - 1 = -16 + 20 + 6 - 1 = 9 \Rightarrow \text{resto}$$

Teorema del factor

Un polinomio, P (x), tiene como **factor** $(x - a)$ si el valor numérico de dicho polinomio para el valor $x = a$ es cero, es decir, si $x = a$ es una raíz del polinomio P (x).

Para comprobar si $(x + 2)$ es un factor de $P(x) = x^4 - 3x^2 + 6x + 8$, se halla el valor numérico del polinomio en $x = -2$:

$$P(-2) = (-2)^4 - 3 \cdot (-2)^2 + 6 \cdot (-2) + 8 = 16 - 12 - 12 + 8 = 0$$

ACTIVIDADES

31 Efectúa las divisiones aplicando la regla de Ruffini e indica el cociente y el resto.

a. $(x^3 - 3x^2 + 4x - 2) : (x - 1)$

b. $(x^6 - 3x^5 - 10x^4 - 3x^3 + 16x^2 - 9x + 20) : (x - 5)$

c. $(x^4 - 3x^2 + 2) : (x + 3)$

d. $(x^5 - 1) : (x + 1)$

e. $(4x^3 - 2x^2 - 6x + 3) : \left(x - \frac{1}{2}\right)$

f. $(-5x^3 + 3x^2 + x - 2) : \left(x - \frac{2}{5}\right)$

32 Halla el cociente y el resto de la siguiente división: $(5x^6 + 4x^4 - x^3 + 2x^2 - 3) : (x - 2)$; utiliza para ello dos métodos diferentes.

33 Un polinomio tiene como factores $(x - 3)$, $(x + 5)$ y $(x - 8)$. ¿Cuál es el valor numérico del polinomio en $x = 3$, $x = -5$ y $x = 8$?

34 Comprueba si $(x - 5)$ es un factor del polinomio $P(x) = 2x^4 - 11x^3 + 6x^2 - 8x + 15$.

35 Utilizando la regla de Ruffini, comprueba si es raíz del polinomio $P(x) = x^3 + 2x^2 - 11x - 12$ alguno de estos números: 2, –1 y 3.

36 Halla el resto de la división $(2x^3 - 6x + 3) : (x - 7)$ utilizando el teorema del resto.

37 Determina el valor que tiene m sabiendo que la división $(-2x^3 - 6x^2 + 2x + m) : (x + 1)$ tiene por resto –2.

06 Identidades notables. Potencia de un polinomio

Algunos productos de expresiones algebraicas cumplen ciertas reglas que permiten su cálculo sin efectuar las multiplicaciones. Estos productos se denominan **identidades notables.**

Cuadrado de una suma

El **cuadrado de una suma** de monomios es igual al cuadrado del primero más el cuadrado del segundo más el doble del primero por el segundo:

$$(a + b)^2 = a^2 + b^2 + 2ab$$

Para comprobar la identidad anterior, basta con hacer la multiplicación:

$(a + b)^2 = (a + b) \cdot (a + b) = a \cdot a + a \cdot b + b \cdot a + b \cdot b = a^2 + 2ab + b^2 = a^2 + b^2 + 2ab$

Por ejemplo, $(3x + 5)^2 = (3x)^2 + 5^2 + 2 \cdot 3x \cdot 5 = 9x^2 + 25 + 30x = 9x^2 + 30x + 25$

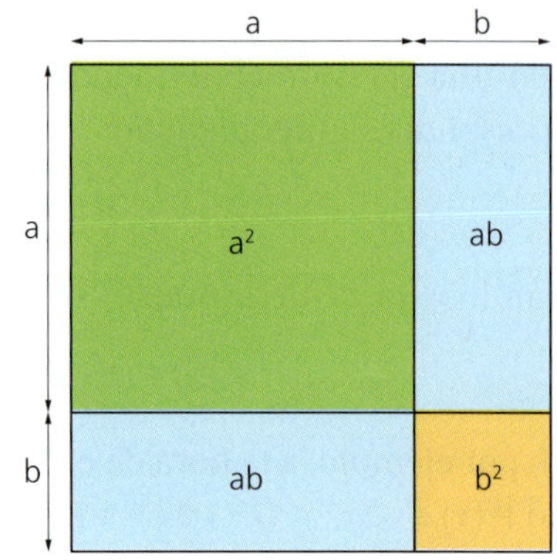

Interpretación geométrica del cuadrado de una suma: $(a + b)^2$

Cuadrado de una diferencia

El **cuadrado de una diferencia** de monomios es igual al cuadrado del primero más el cuadrado del segundo menos el doble del primero por el segundo:

$$(a - b)^2 = a^2 + b^2 - 2ab$$

Para comprobar la identidad anterior, basta con hacer la multiplicación:

$(a - b)^2 = (a - b) \cdot (a - b) = a \cdot a - a \cdot b - b \cdot a + b \cdot b = a^2 - 2ab + b^2 = a^2 + b^2 - 2ab$

Por ejemplo, $(4x^2 - 1)^2 = (4x^2)^2 + 1^2 - 2 \cdot 4x^2 \cdot 1 = 16x^4 + 1 - 8x^2 = 16x^4 - 8x^2 + 1$

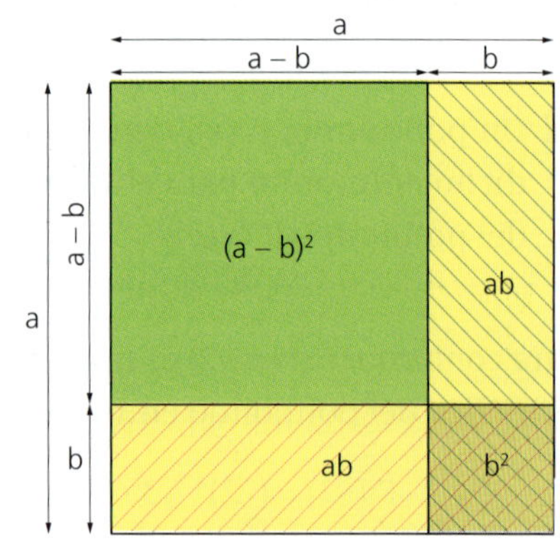

Interpretación geométrica del cuadrado de una diferencia: $(a - b)^2$

Suma por diferencia

El **producto** de una **suma** de monomios por su **diferencia** es igual a la diferencia de sus cuadrados:

$$(a + b) \cdot (a - b) = a^2 - b^2$$

Para comprobar la identidad anterior, basta con hacer la multiplicación:

$$(a + b) \cdot (a - b) = a \cdot a - a \cdot b + b \cdot a - b \cdot b = a^2 - b^2$$

Por ejemplo, $(5x^3 + 4x) \cdot (5x^3 - 4x) = (5x^3)^2 - (4x)^2 = 25x^6 - 16x^2$

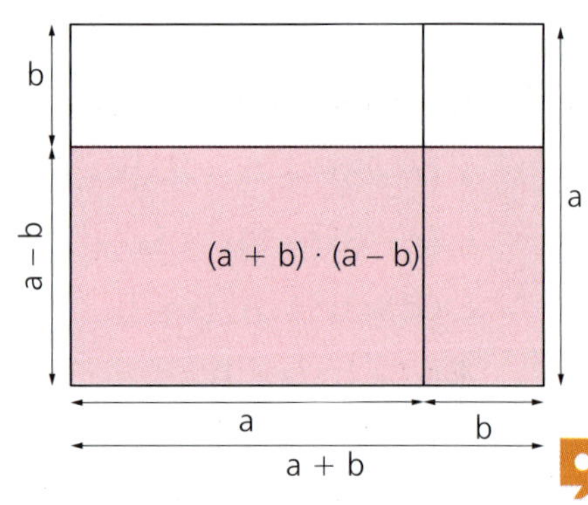

Interpretación geométrica de la suma por diferencia: $(a + b) \cdot (a - b)$

06.1 Potencias de polinomios

Las potencias de polinomios se efectúan multiplicando el polinomio por sí mismo tantas veces como indique el exponente:

$$P(x)^n = \overbrace{P(x) \cdot P(x) \cdot P(x) \cdot \ldots \cdot P(x)}^{n \text{ veces}}$$

Así, por ejemplo, para calcular la potencia cúbica del polinomio $P(x) = x^2 - 3x + 1$, primero se multiplican dos de ellos y el resultado se multiplica por el tercero:

$$(x^2 - 3x + 1)^3 = (x^2 - 3x + 1) \cdot (x^2 - 3x + 1) \cdot (x^2 - 3x + 1) =$$

$$= (x^4 - 6x^3 + 11x^2 - 6x + 1) \cdot (x^2 - 3x + 1) =$$

$$= x^6 - 9x^5 + 30x^4 - 45x^3 + 30x^2 - 9x + 1$$

ACTIVIDADES

38 Desarrolla las siguientes identidades notables:

a. $(x + 2)^2$ c. $(x - 5)^2$ e. $(3a + 1)^2$

b. $(2x^3 - 3y)^2$ d. $\left(x - \frac{1}{2}\right)^2$ f. $\left(\frac{5b^2}{2} + \frac{3b}{4}\right)^2$

39 Efectúa estos productos:

a. $(x + 3) \cdot (x - 3)$ c. $(3x + y^2) \cdot (3x - y^2)$

b. $(2y - 5) \cdot (2y + 5)$ d. $\left(x - \frac{1}{3}\right) \cdot \left(x + \frac{1}{3}\right)$

40 Copia en tu cuaderno y encuentra el valor de las letras para que las siguientes expresiones sean el cuadrado de un binomio:

a. $x^2 + 6x + \mathbf{A}$ b. $25x^2 - \mathbf{B} + 4$ c. $\mathbf{C}x^2 + 12x + 9$

41 Escribe los polinomios como un producto notable.

a. $x^2 - 8x + 16$ c. $9y^2 - 25$ e. $9b^4 + 12b^2 + 4$

b. $\frac{1}{4}x^2 - \frac{9}{4}y^2$ d. $x^2y^2 - z^4$ f. $\frac{a^2}{4} - a + 1$

42 Opera y simplifica.

a. $(a - 3)^2 + (a + 3)^2$

b. $(2x - 1)^2 - (2x + 1) \cdot (2x - 1)$

c. $(a + 2b)^2 - (a - 2b)^2$

d. $(x + 1) \cdot (x - 1) + (x - 1)^2 - (x + 1)^2$

43 Efectúa las siguientes potencias:

a. $(x + 3)^3$ b. $(4x^2 + 5x - 1)^2$ c. $(x^2 - 2x + 3)^3$

44 Halla la expresión algebraica del área y del volumen de un cubo cuya arista es $(x + 5)$.

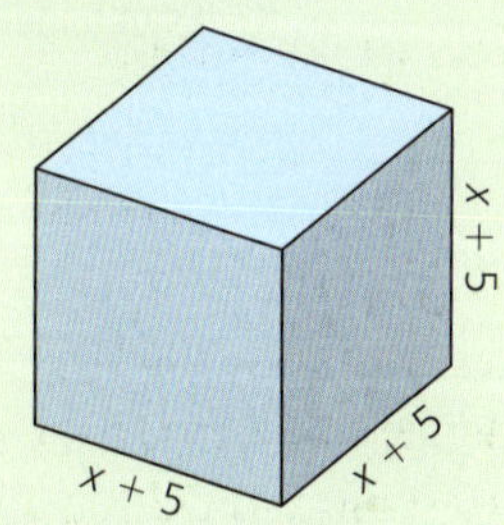

ACTIVIDAD RESUELTA

45 Aplica los productos notables para obtener una expresión del cuadrado de un trinomio: $(a + b + c)^2$. A partir de esta expresión, halla $(2x + 3y^2 + 4z)^2$.

$(a + b + c)^2 = [(a + b) + c]^2 = (a + b)^2 + c^2 + 2 \cdot (a + b) \cdot c$

Se aplica el cuadrado de una suma a $(a + b)$:

$$a^2 + b^2 + 2ab + c^2 + 2ac + 2bc =$$

$$= a^2 + b^2 + c^2 + 2ab + 2ac + 2bc$$

Para la siguiente expresión se sustituyen los valores:

$$(2x + 3y^2 + 4z)^2 =$$

$= (2x)^2 + (3y^2)^2 + (4z)^2 + 2 \cdot 2x \cdot 3y^2 + 2 \cdot 2x \cdot 4z + 2 \cdot$
$\cdot 3y^2 \cdot 4z = 4x^2 + 9y^4 + 16z^2 + 12xy^2 + 16xz + 24y^2z$

46 Investiga en Internet sobre el binomio de Newton y su relación con el triángulo de Tartaglia o de Pascal. Establece su vinculación con las identidades notables.

07 Factorización de polinomios

Factorizar un polinomio consiste en expresarlo como producto de polinomios irreducibles.

Para factorizar un polinomio de grado mayor que 1, seguimos estos pasos:

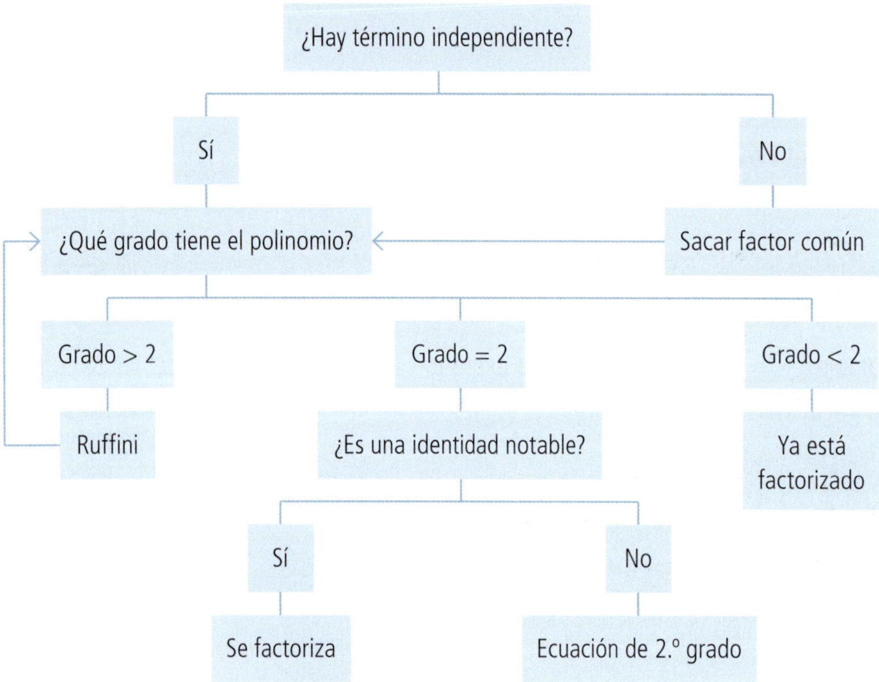

ACTIVIDAD RESUELTA

Factoriza los siguientes polinomios:

a. $A(x) = x^5 + 2x^4 - 5x^3 - 6x^2$ b. $B(x) = 5x^3 - 30x^2 + 45x$

a. Como el polinomio no tiene término independiente, se saca factor común a x^2:

$$x^5 + 2x^4 - 5x^3 - 6x^2 = x^2 \cdot (x^3 + 2x^2 - 5x - 6)$$

Al tener el polinomio grado 3, se aplica la regla de Ruffini:

	1	2	−5	−6
−1		−1	−1	6
	1	1	−6	0

$\Rightarrow x^3 + 2x^2 - 5x - 6 = (x + 1) \cdot (x^2 + x - 6)$

$$x^5 + 2x^4 - 5x^3 - 6x^2 = x^2 \cdot (x^3 + 2x^2 - 5x - 6) = x^2 \cdot (x + 1) \cdot (x^2 + x - 6)$$

El polinomio $(x^2 + x - 6)$ no es una identidad notable; por tanto, se resuelve la ecuación de segundo grado:

$$x = \frac{-1 \pm \sqrt{1^2 - 4 \cdot 1(-6)}}{2 \cdot 1} = \frac{-1 \pm 5}{2} \rightarrow x_1 = 2 \text{ y } x_2 = -3$$

De este modo, la factorización del polinomio es:

$$x^5 + 2x^4 - 5x^3 - 6x^2 = x^2 \cdot (x + 1) \cdot (x^2 + x - 6) = x^2 \cdot (x + 1) \cdot (x - 2) \cdot (x + 3)$$

b. Como el polinomio no tiene término independiente, se saca factor común a $5x$:

$$5x^3 - 30x^2 + 45x = 5x \cdot (x^2 - 6x + 9)$$

El polinomio $(x^2 - 6x + 9)$ es un producto notable; luego, la factorización del polinomio es:

$$5x^3 - 30x^2 + 45x = 5x \cdot (x - 3)^2$$

07.1 Simplificación de fracciones algebraicas

Una **fracción algebraica** es una fracción cuyo denominador es un polinomio.

Para simplificar una fracción algebraica, se factoriza el numerador y el denominador y, a continuación, se simplifican los factores comunes.

ACTIVIDAD RESUELTA

Factoriza y simplifica la siguiente fracción algebraica: $\frac{2x^3 - 18x}{x^4 + 6x^3 + 9x^2}$.

El numerador y el denominador carecen de término independiente, por lo que se saca factor común:

$$\frac{2x^3 - 18x}{x^4 + 6x^3 + 9x^2} = \frac{2x \cdot (x^2 - 9)}{x^2 \cdot (x^2 + 6x + 9)}$$

Como el numerador y el denominador son identidades notables, se factoriza:

$$\frac{2x^3 - 18x}{x^4 + 6x^3 + 9x^2} = \frac{2x \cdot (x^2 - 9)}{x^2 \cdot (x^2 + 6x + 9)} = \frac{2x \cdot (x - 3) \cdot (x + 3)}{x^2 \cdot (x + 3)^2}$$

Por último, se simplifican los factores semejantes del numerador y del denominador:

$$\frac{2x^3 - 18x}{x^4 + 6x^3 + 9x^2} = \frac{2\cancel{x} \cdot (x - 3) \cdot \cancel{(x + 3)}}{x^{\cancel{2}} \cdot (x + 3)^{\cancel{2}}} = \frac{2 \cdot (x - 3)}{x \cdot (x + 3)}$$

ACTIVIDADES

47 Factoriza las siguientes expresiones:

a. $x^2 + 10x + 25$

b. $4y^2 - 16$

c. $25b^3 - 20b^2 + 4b$

d. $x^4 - 6x^3 + 9x^2$

e. $3x^5 - 9x^3$

f. $9x^2 + 16y^2 + 24xy$

g. $\frac{1}{4}a^2 + 3a + 9$

h. $\frac{4}{9}y^4 - \frac{1}{25}y^6$

48 Factoriza los siguientes polinomios y di cuáles son sus raíces:

a. $x^3 - 2x^2 - x + 2$

b. $x^3 + 3x^2 - 4x - 12$

c. $2x^3 - 6x + 4$

d. $x^3 + 2x^2 + x + 2$

e. $x^4 - 16$

f. $2x^3 + 3x^2 - 1$

g. $x^4 - 2x^3 - 5x^2 + 6x$

h. $x^4 - x^3 - 3x^2 + 3x$

i. $x^3 - 3x + 2$

j. $x^5 - 3x^4 + 4x^2$

49 Simplifica las siguientes fracciones algebraicas:

a. $\frac{2y^2}{10x}$

b. $\frac{12x^4}{6x}$

c. $\frac{x^2 \cdot (x + 1)}{x^4 \cdot (x - 1)}$

d. $\frac{3x^2 \cdot (x - 2)}{x \cdot (x - 2)}$

e. $\frac{8x^2 \cdot (x + 3)^4}{4x^3 \cdot (x + 3)^2}$

f. $\frac{2x \cdot (x + 1)}{(x + 1) \cdot (x - 1)}$

50 Simplifica estas fracciones algebraicas:

a. $\frac{x^2 + 4x + 4}{x^2 - 4}$

b. $\frac{20x^3 - 45x}{20x^2 - 60x + 45}$

c. $\frac{2x^2 + 4x + 2}{3x^2 - 3}$

d. $\frac{(x - 1)^2}{(x + 1) \cdot (x - 1)}$

e. $\frac{x^3 \cdot (x + 2)}{x^3 + 4x^2 + 4x}$

f. $\frac{x^3 + x^2 - 8x - 12}{x^4 - x^3 - 6x^2}$

g. $\frac{x^4 + 2x^3 - x^2 - 2x}{x^3 + x^2 - 2x}$

h. $\frac{3x^5 + 6x^4 + 3x^3}{3x^3 - 3x}$

HERRAMIENTAS TECNOLÓGICAS

Polinomios con Wiris

El programa Wiris nos permite definir polinomios, operar con ellos y calcular su valor numérico y sus raíces.

Definir polinomios

Para introducir polinomios, se selecciona el menú Operaciones y después se escriben los polinomios. Los exponentes se indican mediante el icono □°, que ha de pulsarse después de escribir la base. (A)

Observa en la pantalla que, si se escribe el polinomio desordenado, no hay más que pulsar ⊟ para que el programa lo ordene.

Valor numérico de un polinomio

El valor numérico de un polinomio que solo tiene una variable se calcula con el comando **Evaluar (polinomio, valor de la variable).**

Si el polinomio tiene diversas variables, se escribe el polinomio, se pulsa *Intro* para cambiar de línea dentro del mismo bloque y luego se dan valores a las variables.

Ten en cuenta que debes escribir el símbolo de multiplicación entre las variables. (B)

Raíces de un polinomio

Las raíces de un polinomio se hallan activando el comando **Raíces(polinomio)** y pulsando después en ⊟. (C)

Operaciones con polinomios

Si se quieren llevar a cabo varias operaciones con los mismos polinomios, se utiliza un bloque a fin de no escribir una y otra vez los mismos polinomios. Para ello, se anotan los polinomios, se les da nombre y se pulsa *Intro* en el teclado para ir cambiando de línea; las operaciones se indican solo con los nombres de los polinomios.

Sumar, restar, multiplicar y calcular potencias son operaciones para las que se usan los símbolos del teclado, el de paréntesis, (□), y el de la potencia, □°. Finalmente, se pulsa ⊟ con objeto de obtener el resultado. (D)

A la hora de **dividir** polinomios, el comando **Cociente(A,B)** permite calcular el cociente, mientras que con **Residuo(A,B)** se determina el resto después de escribir los polinomios. Por último, se pulsa ⊟ a fin de obtener el resultado.

También es posible dividir polinomios usando el icono □|□, con el que, igualmente, se obtiene el cociente y el resto.

Si se usara la tecla / y la división no fuera exacta, quedaría indicada la correspondiente fracción algebraica. (E)

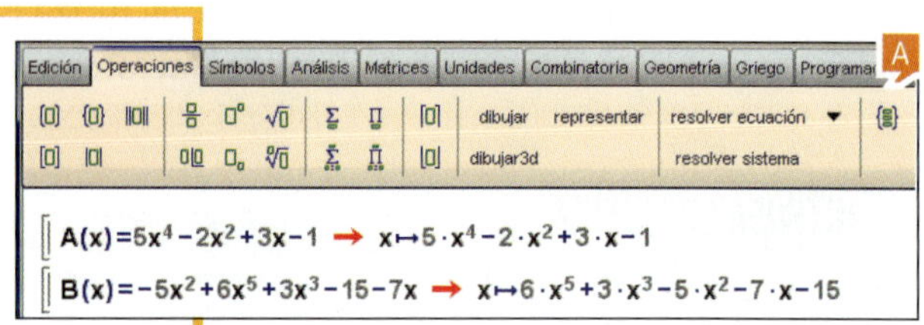

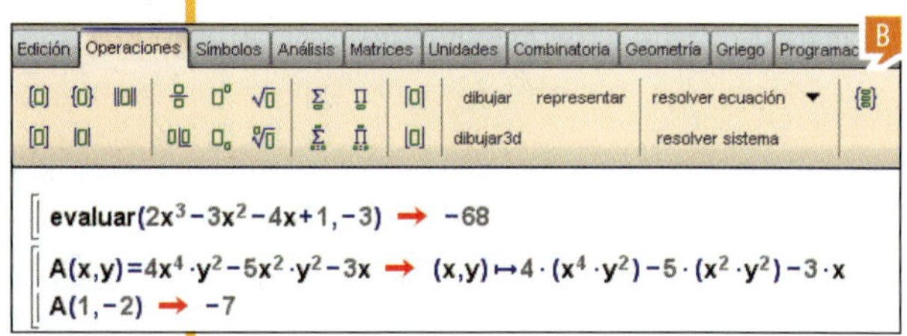

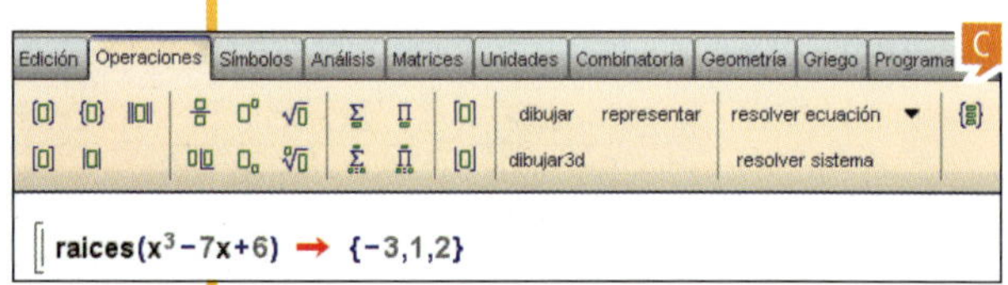

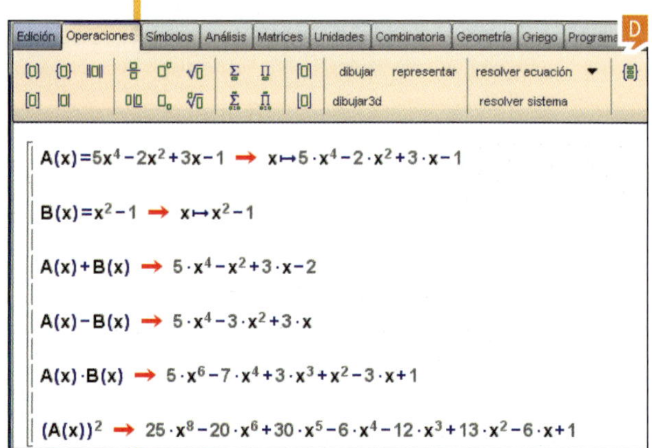

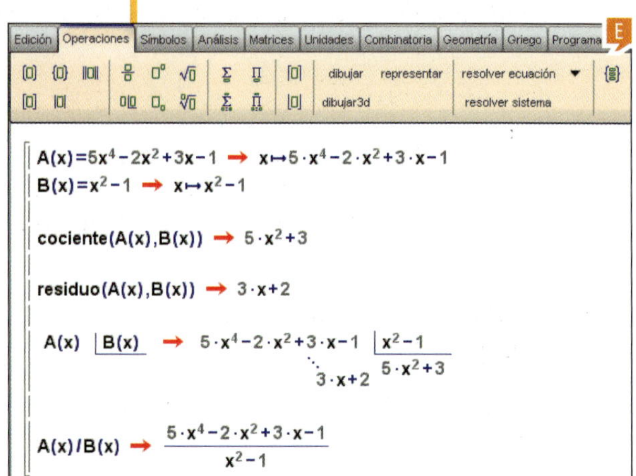

APRENDO A APRENDER

Copia, completa e ilustra en tu cuaderno el siguiente mapa conceptual y después contesta a las preguntas. También lo puedes realizar en el ordenador con el programa **CmapTools**.

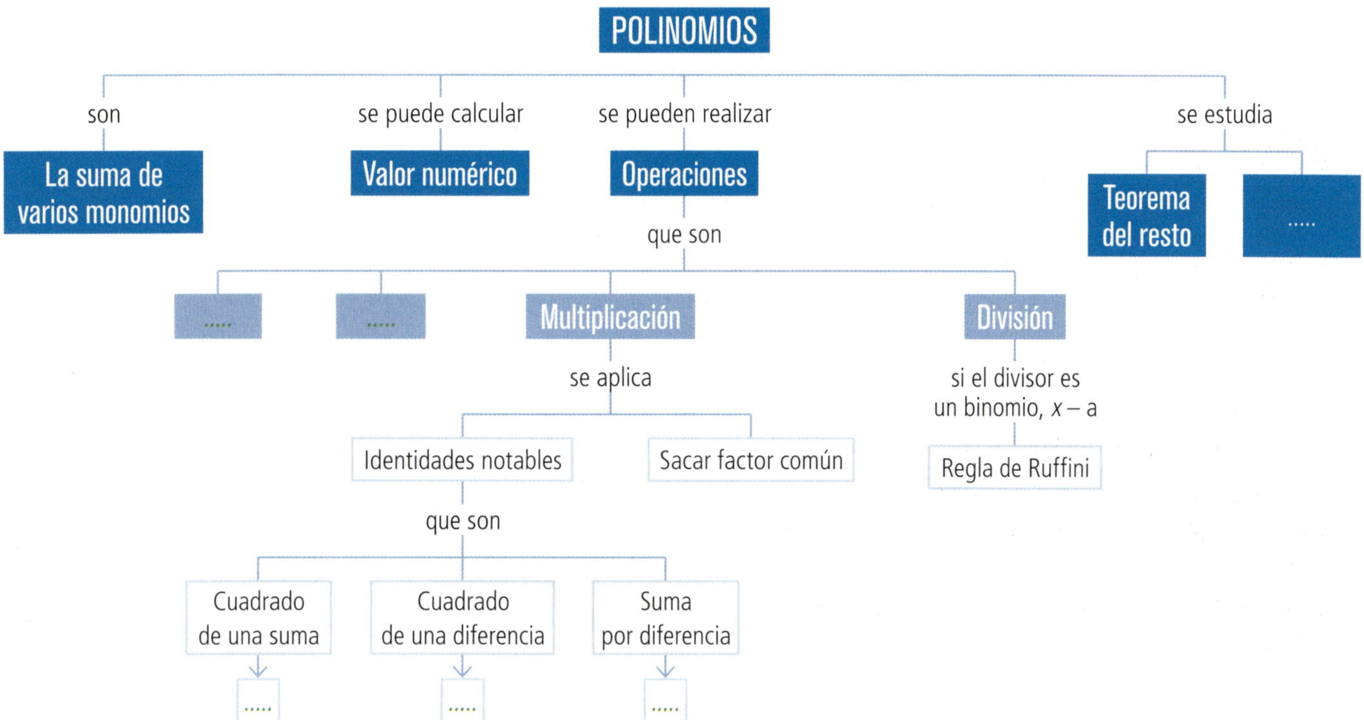

ACTIVIDADES

1 Dado un polinomio, A (x), ¿existe algún otro polinomio, B (x), que dé el mismo resultado al sumarse que al restarse a A (x)? ¿Es único?

2 Los polinomios A (x) y B (x) son de grado 3. ¿Se puede afirmar que el grado del polinomio que resulta de sumar A (x) + B (x) es de grado 3? Razona tu respuesta y, en caso de que sea negativa, pon un ejemplo.

3 ¿Es el valor numérico de un polinomio único?

4 Escribe tres polinomios que cumplan las siguientes condiciones:

– El primero, A (x), debe ser de cuarto grado sin término independiente.

– El segundo, B (x), ha de ser de grado 2 con coeficiente principal 1.

– El tercero, C (x), debe ser un binomio de la forma (x – a).

5 Con los polinomios anteriores, calcula:

a. A (x) + B (x)

b. A (x) – B (x)

c. A (x) · B (x)

d. A (x) : B (x)

e. A (x) : C (x)

f. $[C(x)]^2$

g. A (2)

h. B (–3)

6 ¿Cuál es el valor numérico de un polinomio, P (x), en $x = 0$?

7 ¿Es posible que un polinomio tenga en dos valores distintos de su variable un mismo valor numérico? En caso afirmativo, pon un ejemplo.

8 Si *a* es raíz de un polinomio, P (x), ¿cuánto vale P (a)?

9 ¿Puede un polinomio de grado 3 tener 4 raíces?

10 Prepara una presentación para tus compañeros. Puedes hacer un documento PowerPoint, usar Glogster, …

REPASO FINAL

POLINOMIOS. VALOR NUMÉRICO

1 Reduce los siguientes polinomios y escríbelos ordenados. Indica el grado, el número de términos, el coeficiente principal y el término independiente.

a. $5x^3 - 6x + 3x^2 - x - 4x^3 - 3x^2 + 2x$

b. $-3 - x^2 + 5x - x^2 + 3x^4 - 2x^4 + 12 - 7x^2$

c. $2xy - 3xy^2 - 8xy - 1 + xy^2 - 10xy^2 - 3$

d. $9b^5 - 6b^3 + 2 - 4 - b^3 + 2b^4$

2 Indica cuáles de las siguientes afirmaciones sobre el polinomio $P(x) = 9x^2 - 5x + 3x^3 + 1$ son correctas. Justifica tus respuestas.

a. Es un polinomio ordenado y completo.

b. Su coeficiente principal es 9.

c. Tiene cuatro términos y es de grado 3.

d. No tiene término independiente.

3 Halla el valor numérico de los siguientes polinomios en los valores indicados. Comprueba tus resultados con Wiris.

a. $A(x) = x^5 - 4x^4 + 6x^2 - 3$, para $x = -1$

b. $B(x) = 2x^4 + 7x^3 - x^2 + 5x + 4$, para $x = 2$

c. $C(x) = -6x^3 + 4x^2 - 8x + 2$, para $x = \frac{5}{2}$

4 Determina el valor numérico que tiene el polinomio $A(x, y) = xy^3 + 3x^2 - 5y + 2xy$, para estos valores:

a. $A(2, -1)$ b. $A(-3, 5)$ c. $A(3, 0)$ d. $A\left(-\frac{1}{2}, \frac{3}{2}\right)$

5 Halla el valor de m para que el valor numérico del polinomio $P(x) = -4x^3 + 5x^2 + mx + 9$, en $x = 2$, sea 3.

6 Calcula el valor de m para que el valor numérico del polinomio $P(x) = 3xy + x^2y - 3my + 5$, en $x = -1$ e $y = 2$, sea 0.

7 Determina si alguno de los siguientes valores es raíz del polinomio $P(x) = 3x^4 - x^3 + 2x - 2$:

a. $x = -1$ b. $x = 3$ c. $x = \frac{5}{3}$ d. $x = 0$

8 ¿Tiene el polinomio $A(x) = x^2 + 4$ alguna raíz entera? ¿Y racional? Justifica tus respuestas.

SUMA Y RESTA DE POLINOMIOS

9 Copia en tu cuaderno y encuentra el valor de las letras para que las siguientes sumas de polinomios sean correctas:

a.
$$\begin{array}{r} -2x^3 + \mathbf{A} + 3x - 7 \\ +\ 5x^3 - 4x^2 + \mathbf{B} + 2 \\ \hline \mathbf{C} + 3x^2 + 4x - 5 \end{array}$$

b.
$$\begin{array}{r} -4x^4 + \mathbf{A} + x^2 - \mathbf{B} + 8 \\ +\ \mathbf{C} - 3x^3 - \mathbf{D} + 9x - \mathbf{E} \\ \hline -6x^4 + x^3 \qquad - x + 3 \end{array}$$

10 Calcula las operaciones propuestas con los siguientes polinomios. Comprueba tus resultados con Wiris.

$$A(x) = -3x^6 + 5x^4 - x^3 + 4x^2 - 7x + 2$$

$$B(x) = 4x^6 + 2x^5 - 6x^4 + 4x^2 + 2x - 2$$

$$C(x) = -2x^5 + 3x^4 - 4x^3 - x^2 - 5x - 3$$

a. $A(x) + B(x)$

b. $A(x) + C(x)$

c. $B(x) + C(x)$

d. $A(x) - B(x)$

e. $A(x) - C(x)$

f. $A(x) - B(x) + C(x)$

g. $A(x) - B(x) - C(x)$

h. $B(x) - [C(x) - A(x)]$

11 Realiza estas sumas y restas de polinomios:

a. $(x^5 - 3x^4 + 2x^2 - x + 4) - (3x^4 - x^3 + 2x^2 + 5x + 2)$

b. $(-2x^4 + 4x^3 + 5x^2 - 7x - 3) + (x^4 - 4x^3 - x^2 + 6x - 8)$

c. $(2{,}4x^3 - 3{,}1x^2 + 3x + 5{,}2) + (4{,}6x^4 - 2{,}3x^3 - 3{,}9x^2 - 6x)$

d. $(3x^2y^3 - xy^2 + 2xy - x + 2y) + (-3xy^2 - 3x + 5x^2y^3 - 6y)$

e. $(4a^2b^2 - 5a^2b + a^3b - ab) - (3a^2b^2 + a^2b - 2ab + 3a^2)$

f. $(-a^3 - 3b - a + 3b^2) - (2a^4 - 5b^3 + a^3 - b + a)$

12 Reduce al máximo estas operaciones de polinomios:

$(3x^2 + 4x - 2) + (x^3 - 6x^2 - x) + (4x^3 - 2x - 1) - (3x^2 + 3) + (-x + 6) - (-4x^3 - 3x^2)$

13 Realiza estas sumas y restas de polinomios y simplifica:

a. $\left(-2x^4 + \frac{1}{3}x^3 - 4x^2 + 5\right) + \left(2x^4 - x^3 + \frac{5}{2}x^2 - 2x\right)$

b. $\left(2x^4 - x^2 - \frac{2}{5}x + 3\right) + \left(\frac{1}{4}x^4 + \frac{1}{5}x^2 + \frac{1}{3}x - 4\right)$

c. $\left(-\frac{2}{5}x^3 + \frac{1}{3}x^2 + 2\right) - \left(x^3 + \frac{2}{5}x - \frac{1}{3}\right)$

d. $\left(\frac{3x^3}{7} + \frac{x^2}{4} - \frac{3x}{2}\right) - \left(-\frac{4x^3}{7} - \frac{5x^2}{4} + \frac{x}{8}\right)$

MULTIPLICACIÓN DE POLINOMIOS

14 Dados los polinomios $A(x) = 4x^2 - 7x + 2$, $B(x) = 3x^2 - x + 5$ y $C(x) = -2x^3 + 3x$, calcula:

a. $A(x) \cdot B(x)$ b. $B(x) \cdot C(x)$ c. $A(x) \cdot B(x) \cdot C(x)$

15 Realiza estos productos de polinomios. Comprueba tus resultados con Wiris.

a. $5x^3 \cdot (2x^2 - 4x + 3)$

b. $(7x^3 + x^2 - 2x) \cdot (5x^2 - x)$

c. $(6xy^2 - 3xy) \cdot (-2y^2 + 3x^2y)$

d. $\left(\frac{3}{5}x^5 - \frac{1}{3}x^2 - \frac{2}{5}x\right) \cdot \left(-\frac{1}{2}x^5 + \frac{1}{3}x^3 + \frac{7}{4}\right)$

16 Opera y reduce al máximo las siguientes operaciones de polinomios:

a. $3x^3 \cdot (4x^2 - 5x) + 2x \cdot (-4x^4 - 7x^3) - 5x^3 + x^4$

b. $(x + 4) \cdot (5x - 3) - (x^2 - 1) \cdot (4x - 2)$

c. $9x^2 - (5x^3 + 3x - 2) + 6x^3 + 4x^2 \cdot (x^2 - 5x - 3)$

17 Saca factor común a los polinomios propuestos.

a. $4x^5 - 12x^4 + 6x^3$

b. $6xy^3 + 12x^4y^2 - 3xy^4$

c. $-3a^2b^3 + 2a^3b^2 - 5a^3b$

d. $\frac{5}{6}m^4 + \frac{10}{3}m - \frac{20}{9}m^3$

18 Saca factor común.

a. $2 \cdot (x - y) + 8 \cdot (x - y)$

b. $(x + 5) \cdot 4x^2 - (x + 5) \cdot 3x$

c. $(3a - b) \cdot (4a - 2b) + (6a - 5b) \cdot (4a - 2b)$

19 Calcula el perímetro y el área de los siguientes polígonos:

a.

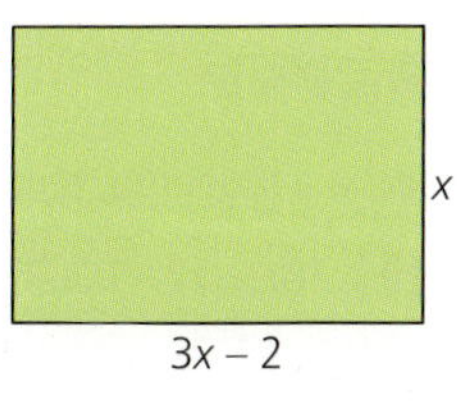

b.

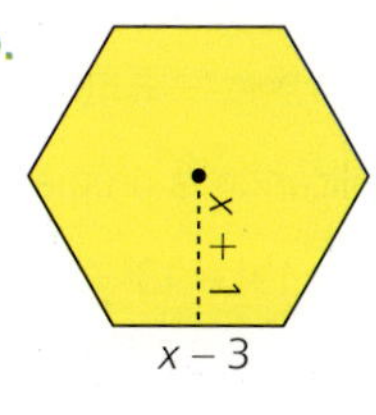

20 Halla el área y el volumen del siguiente prisma:

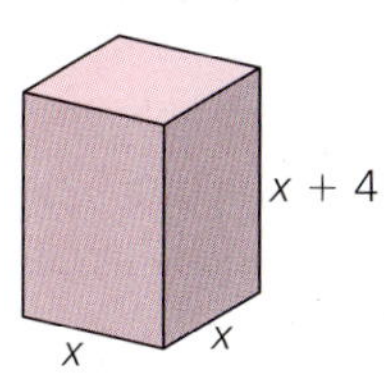

DIVISIÓN DE POLINOMIOS

21 Realiza las divisiones propuestas y haz la prueba para comprobar la solución.

a. $(2x^4 + 7x^3 - 5x + 17) : (x + 3)$

b. $(24x^3 - 26x^2 + 18x - 4) : (6x - 2)$

c. $(-3x^6 - 9x^4 - x^3 + 34x^2 - 5x + 20) : (x^2 + 5)$

d. $(3x^3 + 23x^2 + 13x - 10) : (3x^2 + 2x - 1)$

22 Indica si estas divisiones son exactas o enteras:

a. $(x^3 + 2x^2 + 2x + 1) : (x + 1)$

b. $(x^5 - 2x^3 - 8x) : (x^2 - 4)$

c. $(-6x^4 + 26x^3 + 5x^2 - 24x - 9) : (2x^2 - 8x - 3)$

23 Sabiendo que en una división el dividendo es $D(x) = 12x^5 + 23x^4 + 10x^3 - 18x^2 - 6x - 1$; el divisor, $d(x) = 3x^2 + 2x$, y el cociente, $c(x) = 4x^3 + 5x^2 - 6$, halla el resto sin efectuar la división.

24 Dados los polinomios $A(x) = -10x^4 + 27x^3 - 24x^2 + 11x$ y $B(x) = 2x^2 - 3x$, ¿es $A(x)$ múltiplo de $B(x)$? Justifícalo.

ACTIVIDAD RESUELTA

25 Resuelve la siguiente división:

$$(45x^4 - 20x^3 + 32x^2 - 7x) : (9x^2 - 3x + 6)$$

$$\begin{array}{rl}
45x^4 - 20x^3 + 32x^2 - 7x & \underline{|\,9x^2 - 3x + 6} \\
\underline{-45x^4 + 15x^3 - 30x^2 \quad\quad} & 5x^2 - \frac{5}{9}x + \frac{1}{27} \\
-5x^3 + 2x^2 - 7x & \\
\underline{5x^3 - \frac{5}{3}x^2 + \frac{10}{3}x} & \\
\frac{1}{3}x^2 - \frac{11}{3}x & \\
\underline{-\frac{1}{3}x^2 + \frac{1}{9}x - \frac{2}{9}} & \\
-\frac{32}{9}x - \frac{2}{9} &
\end{array}$$

26 Halla el cociente y el resto de las siguientes divisiones. Comprueba tus resultados con Wiris.

a. $(10x^4 + 5x^3 - 3x^2 + 2x - 6) : (5x^3 - 3x^2 + 3)$

b. $(2x^3 - 7x^2 - 2x + 1) : (3x^2 - 4)$

c. $(2x^4 + 3x^2 - 6x + 1) : (2x + 1)$

REPASO FINAL

REGLA DE RUFFINI. TEOREMA DEL RESTO Y DEL FACTOR

27 Aplica la regla de Ruffini para hallar el cociente y el resto de las siguientes divisiones:

a. $(3x^4 - 2x^3 + x^2 - 5x + 6) : (x - 4)$

b. $(-2x^6 - 5x^4 + 3x^2 - 7x + 11) : (x - 1)$

c. $(2x^4 - 1) : (x + 1)$

d. $(4x^4 + 8x^3 - 6x + 1) : \left(x + \frac{3}{4}\right)$

28 ⊕⊕ Halla el valor de *a* para sea exacta la siguiente división: $(2x^4 + 3x^2 - 6x + a) : (x - 2)$

29 ⊕⊕ Encuentra el valor de *m* para que el resto de la división $(-4x^3 - 19x^2 + mx - 15) : (x + 5)$ sea 10.

30 Copia en tu cuaderno y encuentra el valor de las letras para que la siguiente división, realizada mediante la regla de Ruffini, sea correcta. Escribe el cociente y el resto.

	−4	6	**B**	3	**C**
A		**D**	2	**E**	4
	−4	**F**	**G**	4	9

31 Halla, utilizando la regla de Ruffini, los valores numéricos que se indican.

a. P (4) para $P(x) = -3x^3 - 5x^2 + 2x + 4$

b. P (−3) para $P(x) = 2x^4 + 7x^3 - 6x - 1$

32 Comprueba, utilizando la regla de Ruffini, si 4 y −2 son raíces del polinomio $P(x) = -3x^3 + 2x^2 + 7x + 2$. ¿Son $(x - 4)$ y $(x + 2)$ factores del polinomio P (*x*)?

33 ¿Es el binomio $(x + 3)$ un factor del polinomio $P(x) = 2x^2 + 2x - 12$? Justifica tu respuesta.

34 ⊕⊕ Halla las raíces de los siguientes polinomios sin hacer las divisiones:

a. $(x + 5) \cdot (x - 3) \cdot (x + 3)$ b. $x \cdot (x + 2) \cdot (x - 4)$

35 Calcula el resto de la división $(2x^5 - x^4 + 3x^2 - 5x + 6) : (x + 3)$, utilizando:

a. La división de polinomios.

b. La regla de Ruffini.

c. El teorema del resto.

36 ⊕ Aplicando el teorema del factor, escribe un polinomio que tenga tres raíces, dos de ellas 3 y −4.

37 ⊕ Utilizando el teorema del factor, escribe un polinomio cuyo coeficiente principal sea 5 y que solo tenga por raíces 2, −3 y −6.

IDENTIDADES NOTABLES. POTENCIA DE UN POLINOMIO

38 Copia en tu cuaderno y encuentra el valor de las letras para que los productos notables sean correctos.

a. $(\mathbf{A} + 2)^2 = 16x^2 + 16x + 4$

b. $(\mathbf{A} - \mathbf{B})^2 = x^4 - 12x^2 + 36$

c. $(7x^2 + \mathbf{A}) \cdot (7x^2 - \mathbf{B}) = \mathbf{C} - \frac{4}{9}$

39 Desarrolla las siguientes identidades notables:

a. $(x + 5)^2$

b. $(x - 8)^2$

c. $(5b + 2a)^2$

d. $(4x - 6) \cdot (4x - 6)$

e. $(2xy - 3x) \cdot (2xy + 3x)$

f. $\left(\frac{b^2}{2} + \frac{b}{3}\right)^2$

40 ⊕ Calcula las siguientes identidades notables:

a. $\left(3x + \sqrt{7}\right)^2$

b. $\left(x - \sqrt{2}\right)^2$

c. $\left(x + \sqrt{3}\right) \cdot \left(x - \sqrt{3}\right)$

d. $\left(\sqrt{5}a^2 + \sqrt{6}b\right) \cdot \left(\sqrt{5}a^2 - \sqrt{6}b\right)$

ACTIVIDAD RESUELTA

41 Calcula $19^2 - 18^2$ aplicando las identidades notables.

Como la expresión es la diferencia de dos cuadrados, la identidad notable que se puede utilizar es la de suma por diferencia:

$$(a + b) \cdot (a - b) = a^2 - b^2$$

Aplicando la propiedad de derecha a izquierda, tenemos:

$$19^2 - 18^2 = (19 + 18) \cdot (19 - 18) = 37 \cdot 1 = 37$$

42 Resuelve mediante las identidades notables.

a. $26^2 - 25^2$ b. $102^2 - 31^2$ c. $47^2 - 16$

43 ⊕⊕ Encuentra una expresión general para las potencias $(a + b)^3$ y $(a - b)^3$, análoga a la del cuadrado de la suma y de la diferencia, respectivamente. Calcula luego a partir de ellas:

a. $(x + 5)^3$ b. $(3x^2 + 2x)^3$ c. $(2x - 1)^3$

EVALUACIÓN

44 Resuelve y reduce el resultado al máximo.

a. $(5x^2 - 4x + 1) \cdot (x + 2)^2 + (x + 3) \cdot (x - 3)$

b. $(x - 4)^2 + (x + 4)^2 - 2 \cdot (x - 4) \cdot (x + 4)$

c. $-3x^2 \cdot (2x - 3)^2 + 6x^2 \cdot (2x + 3)^2$

d. $(x^2 + 5x)^2 - (3x^3 - x)^2 + 7x \cdot (4x + 2) \cdot (4x - 2)$

e. $(2x^2 + 3x - 4)^2 + (x - 1)^2 \cdot (x + 1)^2$

45 Expresa los siguientes polinomios en forma de una identidad notable:

a. $x^2 + 8x + 16$

b. $9x^2 - 6x + 1$

c. $25x^4 - \frac{25}{16}x^2$

d. $4x^2 - 3$

e. $\frac{1}{4}x^6 - 3x^3 + 9$

f. $\frac{4}{9}x^4 + 2x^3 + \frac{9}{4}x^2$

46 Halla el área de las siguientes figuras:

a.

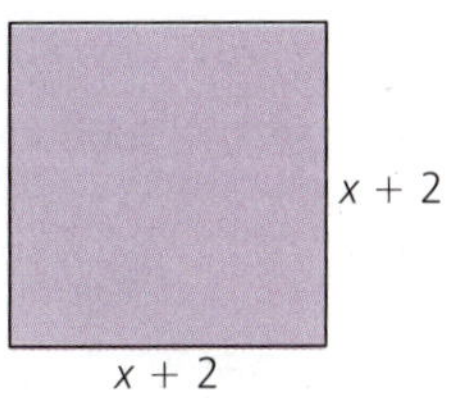

b.

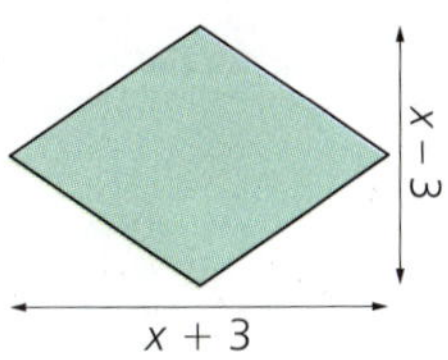

c.

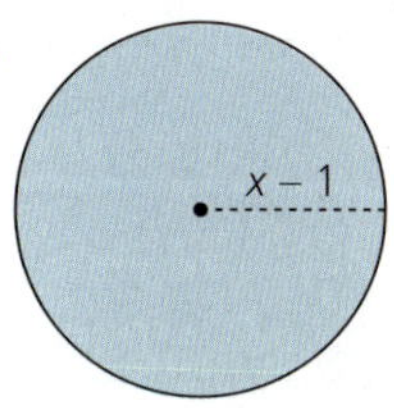

d.

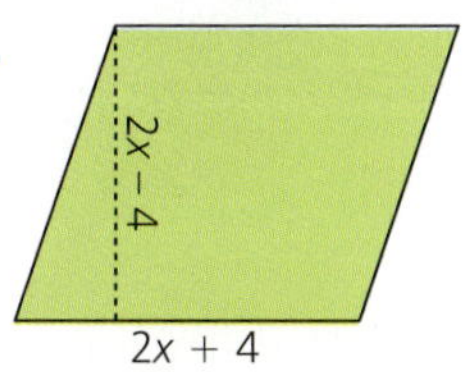

FACTORIZACIÓN DE POLINOMIOS

47 Factoriza los siguientes polinomios:

a. $x^2 - 6x + 9$

b. $64x^3 + 48x^2 + 9x$

c. $49a^2 - 4$

d. $5x^4y - 5x^2y$

e. $3x^7 + 12x^6 + 12x^5$

f. $2x^3y - 4x^2y^2 + 2xy^3$

48 Simplifica estas fracciones algebraicas:

a. $\dfrac{(x-1)^2}{(x+1)\cdot(x-1)}$

b. $\dfrac{x^2-9}{x^2+6x+9}$

c. $\dfrac{3x^5+6x^4+3x^3}{3x^3-3x}$

d. $\dfrac{16x^3y^2-4xy^2}{4x^2y-2xy}$

49 Visita esta página de Internet y realiza las actividades propuestas para repasar los conceptos de la unidad:

http://conteni2.educarex.es/mats/11810/contenido/

1 El valor numérico del polinomio $P(x) = 2x^3 + 3x^2 - 4x + 9$, en $x = -2$, es:

a. 5 b. 13 c. 0 d. 41

2 Sean los polinomios:

$$A(x) = -3x^5 + 2x^4 - 5x^2 + x - 1$$
$$B(x) = -3x^4 + 2x^2 - 2x + 3$$
$$C(x) = 2x^5 + x^4 + 6x^3 - 3x^2 - 2$$

El resultado de la operación $A(x) + B(x) - C(x)$ es:

a. $-5x^5 - 2x^4 - 6x^3 - x + 4$

b. $-5x^5 - 2x^4 + 6x^3 - x$

c. $-5x^5 - 6x^3 - x + 4$

d. $-5x^5 - 6x^3 - 6x^2 - x$

3 El resultado de la multiplicación $(3x^2 - 2x + 4) \cdot (x^3 + 5x^2 - 3)$ es:

a. $3x^6 + 13x^4 - 6x^3 + 11x^2 + 6x - 12$

b. $3x^5 + 13x^4 - 6x^3 + 11x^2 + 6x - 12$

c. $3x^6 - 13x^4 + 14x^3 - 11x^2 + 6x - 12$

d. $3x^5 - 13x^4 + 14x^3 - 11x^2 + 6x - 12$

4 ¿Cuál de las siguientes expresiones representa al polinomio $12xy^3 - 6x^2y^2 + 3xy^2$ una vez extraído el factor común?

a. $3xy^2(4y - 2x)$

b. $xy^2(12y - 6x)$

c. $xy^2(12y - 6x + 3)$

d. $3xy^2(4y - 2x + 1)$

5 Calcula el cociente y el resto de la siguiente división: $(-6x^4 + 17x^3 + 6x^2 - 4x + 8) : (3x^2 - 4x)$.

a. $c(x) = -2x^2 + 3x + 6$; $r(x) = 20x + 8$

b. $c(x) = -2x^2 + 3x + 6$; $r(x) = 8$

c. $c(x) = 2x^2 - 3x - 6$; $r(x) = 20x + 8$

d. $c(x) = 2x^2 - 3x - 6$; $r(x) = 8$

6 El resto de la división $(5x^3 - 16x^2 - x + 11) : (x - 3)$ es:

a. –5 b. 5 c. –1 d. 1

7 El resultado de la operación $(x + 1) \cdot (x - 1) - (x - 1)^2$ es:

a. $2x$ b. 0 c. $-2x$ d. $2x - 2$

DIARIO DE APRENDIZAJE

¿Cómo he solventado o me he enfrentado a las dificultades de esta unidad?

05 Ecuaciones y sistemas de ecuaciones

¿Cómo voy a resolver las dificultades que se me planteen en esta unidad?

Si las calles representan rectas, ¿qué posiciones observas? Compártelo con tu compañero. ¿Podría haber alguna posibilidad más? Debatidlo en grupo.

01 Ecuaciones. Soluciones y ecuaciones equivalentes

Una ecuación es una igualdad algebraica que es cierta solo para ciertos valores de sus letras.

01.1 Elementos de una ecuación

Los elementos de una ecuación son los siguientes:

Miembros: son las expresiones algebraicas que están a cada lado del signo igual.

Incógnitas: son las letras que aparecen en los términos. En el ejemplo, la incógnita es x.

1.er miembro 2.º miembro

$$4x + 3 = 5x - 7$$

Términos: son los sumandos de cada uno de los dos miembros de la ecuación.

Grado: es el mayor de los grados de los términos de sus miembros.

01.2 Soluciones de una ecuación

Las soluciones de una ecuación son los valores que deben tomar las incógnitas para que la igualdad sea cierta.

Resolver una ecuación es encontrar sus soluciones. Dependiendo del número de soluciones, una ecuación puede ser:

- **Incompatible:** cuando la ecuación no tiene solución.
- **Compatible:** si la ecuación tiene alguna solución. Puede ser, a su vez:
  - **Determinada:** si tiene un número finito de soluciones.
  - **Indeterminada:** si tiene un número infinito de soluciones.

ACTIVIDAD RESUELTA

Clasifica las siguientes ecuaciones según el número de soluciones:

a. $x^2 = -4$ **b.** $2x - 3 = 9$ **c.** $2x - 3 = 3x - x - 3$

a. Ecuación incompatible: la ecuación $x^2 = -4$ no tiene solución, pues no hay ningún número real que, al elevarlo al cuadrado, dé como resultado un número negativo.

b. Ecuación compatible determinada: la ecuación $2x - 3 = 9$ tiene por única solución $x = 6$, ya que $2 \cdot 6 - 3 = 9$.

c. Ecuación compatible indeterminada: la ecuación $2x - 3 = 3x - x - 3$ tiene infinitas soluciones, dado que todos los números reales son solución de la ecuación.

01.3 Ecuaciones equivalentes

> Dos ecuaciones son equivalentes si tienen las mismas soluciones.

Así, por ejemplo, la ecuación $3x - 4 = 5$ y la ecuación $6 + x = 9$ son equivalentes, porque ambas tienen como solución $x = 3$.

Para obtener una ecuación equivalente a otra ecuación dada, se utilizan las siguientes reglas de equivalencia:

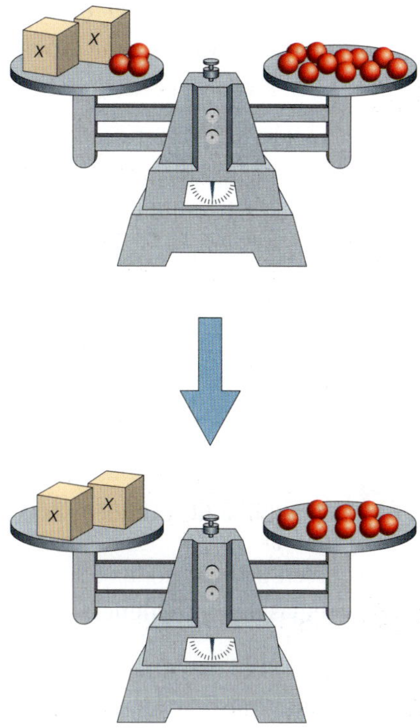

	Regla de la suma	Regla del producto
Regla de equivalencia	Si a los dos miembros de la ecuación se les suma o resta un mismo número o expresión algebraica, se obtiene una ecuación equivalente.	Si los dos miembros de la ecuación se multiplican o dividen por un mismo número o expresión algebraica, se obtiene una ecuación equivalente.
Regla práctica	Si un término está sumando en un miembro de la ecuación, pasa al otro miembro restando, y, si está restando, pasa sumando.	Si un término está multiplicando en un miembro de la ecuación, pasa al otro miembro dividiendo, y, si está dividiendo, pasa multiplicando.
Ejemplo	$x + 8 = 6$ $x = 6 - 8$ $x = -2$	$4x = 12$ $x = \frac{12}{4}$ $x = 3$

ACTIVIDADES

1 Indica cuáles de las siguientes igualdades son ecuaciones:

a. $4x + 3 = 2x + 2x + 1 + 2$ **c.** $a + 2b - c = a + c - 2b$

b. $2 \cdot (y - 5) = 2 \cdot (5 - y)$ **d.** $\frac{x}{y} = \frac{y}{x}$

2 Indica cuál es el grado de estas ecuaciones:

a. $-6x + 1 - 2y = 4y - 8$ **c.** $3x \cdot (x^2 - 5) = 4 + 2x$

b. $4 \cdot (x + 2) + 7 = -x - 5$ **d.** $xy + 9x = -5$

3 Comprueba si $x = 2$ es solución de alguna de estas ecuaciones:

a. $5 \cdot (3 - x) = 2 + 4x$ **c.** $3x + 2x^3 - 2 = 0$

b. $x^2 - 4x + 1 = -3$ **d.** $\frac{3x}{2} - 5 = 4x^2 + 2x$

4 Escribe una ecuación de grado 2 con una incógnita y que tenga como solución –1.

5 Escribe una ecuación con dos incógnitas, x e y, de primer grado, que tenga por solución $x = 1$ e $y = 3$.

6 Comprueba si $a = -2$ y $b = 3$ son solución de la ecuación $2ab^2 - 10a = -5b - 1$.

7 Resuelve las siguientes ecuaciones, aplicando las reglas de equivalencia de ecuaciones:

a. $5 + x = 9$ **c.** $3x = 2x - 6$ **e.** $3 - \frac{x}{4} = 2$

b. $8x = 12$ **d.** $7x - 3 = 0$ **f.** $4 + 2x = 5x + 1$

8 Comprueba si $x = -1$ e $y = 2$ son solución de la ecuación $3x^2 + y^2 - xy^3 = -5x^2y$.

9 Una ecuación es una igualdad algebraica. Investiga qué matemático fue el que utilizó por primera vez el signo de igualdad: «=». Averigua el motivo por el que eligió este símbolo.

02 Resolución de ecuaciones de primer grado con una incógnita

Una ecuación de primer grado con una incógnita es una ecuación que solo tiene una incógnita con exponente uno.

Toda ecuación de primer grado con una incógnita se puede transformar, mediante la aplicación de las reglas de equivalencia, en otra ecuación equivalente de la forma $ax = b$, donde a y b son números reales. Pueden darse estos casos:

Si $a \neq 0$, la ecuación $ax = b$ tiene **una única solución**, $x = \frac{b}{a}$.

Si $a = 0$ y $b = 0$, la ecuación $0x = 0$ tiene infinitas soluciones, y todos los números reales son solución de la ecuación. La ecuación es una **identidad**.

Si $a = 0$ y $b \neq 0$, la ecuación $0x = b$ **no tiene solución.**

02.1 Ecuaciones de primer grado con paréntesis

Se resuelven utilizando las operaciones con expresiones algebraicas y se aplican las reglas de equivalencia a fin de despejar la incógnita.

Así, por ejemplo, la ecuación $3 \cdot (4x + 2) - 5x = 10 - 2 \cdot (x - 7)$ se resuelve siguiendo estos pasos:

Procedimiento

1 Se eliminan los paréntesis, aplicando la propiedad distributiva del producto respecto de la suma y de la resta, respectivamente:

$$3 \cdot (4x + 2) - 5x = 10 - 2 \cdot (x - 7)$$
$$12x + 6 - 5x = 10 - 2x + 14$$

2 Se transponen términos, aplicando las reglas de equivalencia, de modo que todos los que contengan la incógnita queden agrupados en uno de los miembros de la ecuación, y los términos independientes, en el otro:

$$12x + 6 - 5x = 10 - 2x + 14 \Rightarrow 12x - 5x + 2x = 10 + 14 - 6$$

3 Se reducen los términos semejantes en ambos miembros de la ecuación:

$$12x - 5x + 2x = 10 + 14 - 6 \Rightarrow 9x = 18$$

4 Se despeja la incógnita:

$$x = \frac{18}{9} = 2$$

5 Finalmente, se comprueba la solución sustituyendo las incógnitas de la ecuación por el valor obtenido:

$$3 \cdot (4 \cdot 2 + 2) - 5 \cdot 2 = 10 - 2 \cdot (2 - 7) \Rightarrow 30 - 10 = 10 + 10 \Rightarrow 20 = 20$$

Método gráfico

Resolvamos la ecuación:

$$2x - 5 = -x + 1$$

1 Se transforma la ecuación en otra equivalente de la forma $ax + b = 0$:

$$2x - 5 = -x + 1$$
$$2x + x - 5 - 1 = 0$$
$$3x - 6 = 0$$

2 Se representa la función $y = ax + b$ mediante su recta; en este caso, $y = 3x - 6$.

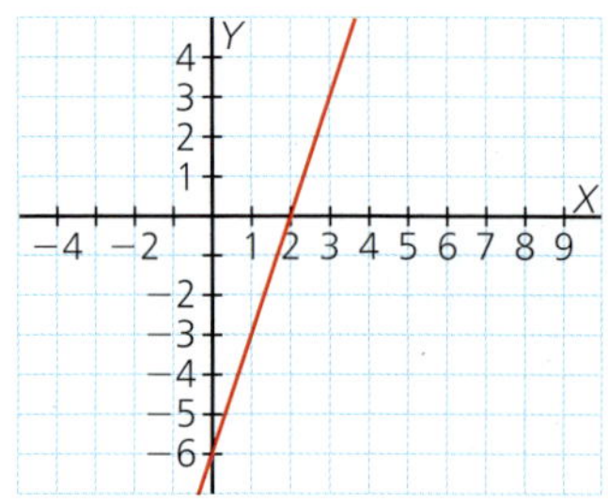

3 El valor de la variable x del punto de corte de la recta con el eje X es la solución de la ecuación.

Luego, la solución es $x = 2$.

Recuerda

Propiedad distributiva del producto respecto de la suma y de la resta:

$$a \cdot (b + c) = ab + ac$$
$$a \cdot (b - c) = ab - ac$$

02.2 Ecuaciones de primer grado con denominadores

Veamos a través de un ejemplo el procedimiento para resolver este tipo de ecuaciones.

Resolvamos la ecuación $\frac{5 \cdot (3x - 1)}{6} - x = -\frac{13}{12} - \frac{2x + 7}{4}$.

Procedimiento

1 Se eliminan los denominadores. Para ello, se halla el m.c.m. de todos los denominadores y se pone de denominador común a todos los términos de la ecuación. Se divide el m.c.m. entre cada denominador, y el resultado se multiplica por el numerador correspondiente. Por último, se eliminan todos los denominadores. Como m.c.m. (6, 12, 4) = 12, entonces:

$$\frac{2 \cdot 5 \cdot (3x - 1)}{12} - \frac{12x}{12} = -\frac{13}{12} - \frac{3 \cdot (2x + 7)}{12}$$

$$10 \cdot (3x - 1) - 12x = -13 - 3 \cdot (2x + 7)$$

2 Se suprimen los paréntesis: $30x - 10 - 12x = -13 - 6x - 21$

3 Se transponen los términos: $30x - 12x + 6x = -13 - 21 + 10$

4 Se reducen los términos semejantes: $24x = -24$

5 Se despeja la incógnita: $x = -\frac{24}{24} = -1$

6 Se comprueba la solución: $\frac{5 \cdot [3 \cdot (-1) - 1]}{6} - (-1) = -\frac{13}{12} - \frac{2 \cdot (-1) + 7}{4} \Rightarrow -\frac{7}{3} = -\frac{7}{3}$

ACTIVIDADES

10 Halla la solución de las siguientes ecuaciones de primer grado. Comprueba tus resultados gráficamente.

a. $5x + 4 - 2x = 6x - 3 + 1$

b. $-8x - 2x + 5 - 2 = 3 - 9x - 4$

c. $10 + 3x - 4 + 3 - 7x = 2 - 5x + 12$

d. $-3 - 11 + 4x + 5 - 2x = x + 1 - 10 + x$

11 Resuelve estas ecuaciones:

a. $3 \cdot (x - 2) - 4 \cdot (2x + 1) = 7x$

b. $-(5x - 3) + 2 \cdot (x - 4) = 7 - x$

c. $6x - 5 \cdot (x - 3) = 4 \cdot (2 - 4x) + 15x$

d. $8 \cdot (2 - x) = 5 \cdot (6x + 3) - (3 + 10x)$

e. $-3 \cdot (-2 - 5x) - 4 \cdot (x + 6) - (11x - 2) = 0$

12 Halla la solución de las siguientes ecuaciones:

a. $\frac{x}{2} + 3 = \frac{5x}{3} - 4x$

b. $\frac{x}{4} + \frac{2x}{3} - \frac{6x}{5} = 0$

c. $-3x + \frac{5x}{9} = \frac{4}{3} - 2x$

d. $\frac{x - 5}{2} = \frac{x + 4}{3}$

e. $\frac{2x + 3}{10} - 2 = \frac{-5x - 2}{6}$

f. $x - \frac{3x - 7}{12} = -1 + \frac{x - 9}{18}$

13 Soluciona estas ecuaciones:

a. $\frac{3 \cdot (-2x + 6)}{2} = 1 - 4x$

b. $\frac{2 \cdot (x - 4)}{3} = \frac{4 \cdot (2x - 1)}{15}$

c. $\frac{4x}{9} - \frac{2 \cdot (3x - 2)}{15} = \frac{x + 1}{6}$

03 Resolución de ecuaciones de segundo grado con una incógnita

Una ecuación de segundo grado con una incógnita es una ecuación de la forma $ax^2 + bx + c = 0$, donde a, b y c son números reales y $a \neq 0$.

Las ecuaciones de segundo grado se clasifican según el valor de sus coeficientes:

- Si $b \neq 0$ y $c \neq 0$, la ecuación es completa.
- Si $b = 0$ o $c = 0$ o ambos son 0, la ecuación es incompleta.

03.1 Resolución de ecuaciones de segundo grado incompletas

Ecuaciones con $b = 0$ y $c = 0 \Rightarrow ax^2 = 0$

Todas tienen como solución $x = 0$:

$$ax^2 = 0 \Rightarrow x^2 = \frac{0}{a} \Rightarrow x^2 = 0 \Rightarrow x = 0$$

Ecuaciones con $b = 0 \Rightarrow ax^2 + c = 0$

Estas ecuaciones se resuelven despejando la incógnita:

$$ax^2 + c = 0 \Rightarrow x^2 = \frac{-c}{a} \Rightarrow x = \pm\sqrt{\frac{-c}{a}} \Rightarrow \begin{cases} x_1 = \sqrt{\frac{-c}{a}} \\ x_2 = -\sqrt{\frac{-c}{a}} \end{cases}$$

Ecuaciones con $c = 0 \Rightarrow ax^2 + bx = 0$

Se resuelven sacando factor común a x e igualando a cero cada factor:

$$ax^2 + bx = 0 \Rightarrow x \cdot (ax + b) = 0 \Rightarrow \begin{cases} x_1 = 0 \\ ax + b = 0 \rightarrow x_2 = \frac{-b}{a} \end{cases}$$

ACTIVIDADES RESUELTAS

1 Resuelve la ecuación $2x^2 - 18 = 0$.

$$2x^2 - 18 = 0 \Rightarrow x^2 = \frac{18}{2} = 9 \Rightarrow x = \pm\sqrt{9} = \pm 3$$

Las soluciones son 3 y – 3.

2 Resuelve la ecuación $3x^2 + 7x = 0$.

$$x \cdot (3x + 7) = 0 \Rightarrow \begin{cases} x_1 = 0 \\ 3x = -7 \rightarrow x_2 = -\frac{7}{3} \end{cases}$$

Las soluciones son 0 y $\frac{-7}{3}$.

03.2 Resolución de ecuaciones de segundo grado completas

La ecuación de segundo grado completa, $ax^2 + bx + c = 0$, se resuelve aplicando la siguiente fórmula:

$$x = \frac{-b \pm \sqrt{b^2 - 4ac}}{2a}$$

De la expresión anterior se obtienen las soluciones de x_1 y x_2:

$$x_1 = \frac{-b + \sqrt{b^2 - 4ac}}{2a} \text{ y } x_2 = \frac{-b - \sqrt{b^2 - 4ac}}{2a}$$

La expresión que se encuentra dentro de la raíz, $b^2 - 4ac$, se denomina **discriminante** y se representa mediante el símbolo Δ. El signo obtenido al realizar las operaciones nos indica el número de soluciones que tiene la ecuación:

- Si $\Delta = b^2 - 4ac > 0$, la ecuación tiene dos soluciones reales distintas.
- Si $\Delta = b^2 - 4ac = 0$, la ecuación tiene una solución real (doble).
- Si $\Delta = b^2 - 4ac < 0$, la ecuación no tiene solución real.

ACTIVIDAD RESUELTA

Indica el número de soluciones que tienen las siguientes ecuaciones y resuélvelas:

a. $x^2 - 2x - 15 = 0$ **b.** $4x^2 - 4x + 1 = 0$ **c.** $3x^2 + 5x + 7 = 0$

a. Como a = 1, b = −2 y c = −15, entonces Δ = 64; así, la ecuación tiene dos soluciones distintas:

$$x = \frac{-(-2) \pm \sqrt{(-2)^2 - 4 \cdot 1 \cdot (-15)}}{2 \cdot 1} = \frac{2 \pm \sqrt{4 + 60}}{2} =$$

$$= \frac{2 \pm \sqrt{64}}{2} = \frac{2 \pm 8}{2} \Rightarrow \begin{cases} x_1 = \frac{2+8}{2} = \frac{10}{2} = 5 \\ x_2 = \frac{2-8}{2} = \frac{-6}{2} = -3 \end{cases}$$

Las soluciones son 5 y −3.

b. Como a = 4, b = −4 y c = 1, entonces Δ = 0, por lo que tiene una solución doble:

$$x = \frac{-(-4) \pm \sqrt{(-4)^2 - 4 \cdot 4 \cdot 1}}{2 \cdot 1} = \frac{4 \pm \sqrt{16 - 16}}{2} =$$

$$= \frac{4 \pm \sqrt{0}}{2} = \frac{4 \pm 0}{2} \Rightarrow x = \frac{4}{2} = 2$$

La solución doble es 2.

c. Como a = 3, b = 5 y c = 7, entonces Δ = −59; de este modo, la ecuación no tiene solución:

$$x = \frac{-5 \pm \sqrt{5^2 - 4 \cdot 3 \cdot 7}}{2 \cdot 3} = \frac{-5 \pm \sqrt{25 - 84}}{6} = \frac{-5 \pm \sqrt{-59}}{6} \Rightarrow \text{No tiene solución.}$$

03.3 Propiedades de las soluciones de la ecuación de segundo grado

Si la ecuación de segundo grado es $ax^2 + bx + c = 0$, se cumple que:

1 La suma de las soluciones de la ecuación, x_1 y x_2, es igual a $\frac{-b}{a}$:

$$S = x_1 + x_2 = \frac{-b}{a}$$

2 El producto de la soluciones de la ecuación, x_1 y x_2, es igual a $\frac{c}{a}$:

$$P = x_1 \cdot x_2 = \frac{c}{a}$$

Dividiendo la ecuación $ax^2 + bx + c = 0$ entre a, se obtiene:

$$x^2 + \frac{b}{a}x - \frac{c}{a} = 0$$

Como $S = \frac{-b}{a}$ y $P = \frac{c}{a}$, la ecuación de segundo grado se puede expresar de este modo:

$$x^2 - Sx + P = 0$$

La ecuación de segundo grado, $ax^2 + bx + c = 0$, se puede descomponer, a partir de sus soluciones, como producto de factores:

$$a \cdot (x - x_1) \cdot (x - x_2) = 0$$

Fíjate en que uno de los factores es el coeficiente de x^2, es decir, a.

ACTIVIDAD RESUELTA

Expresa la ecuación $3x^2 + 3x - 6 = 0$ como producto de factores y comprueba que se cumplen las dos propiedades de las soluciones de la ecuación de segundo grado.

$$x = \frac{-3 \pm \sqrt{3^2 - 4 \cdot 3 \cdot (-6)}}{2 \cdot 3} = \frac{3 \pm \sqrt{9 + 72}}{6} =$$

$$= \frac{-3 \pm \sqrt{81}}{6} = \frac{-3 \pm 9}{6} \Rightarrow \begin{cases} x_1 = \frac{-3+9}{6} = \frac{6}{6} = 1 \\ x_2 = \frac{-3-9}{6} = \frac{-12}{6} = -2 \end{cases}$$

La ecuación se expresa factorizada como $3 \cdot (x - 1) \cdot (x + 2) = 0$.

Las soluciones cumplen:

$$\begin{cases} x_1 + x_2 = \frac{-b}{a} \Rightarrow 1 - 2 = \frac{-3}{3} \Rightarrow -1 = -1 \\ x_1 \cdot x_2 = \frac{c}{a} \Rightarrow 1 \cdot (-2) = \frac{-6}{3} \Rightarrow -2 = -2 \end{cases}$$

Método gráfico

Para resolver la ecuación:

$$ax^2 + bx + c = 0$$

1 Se representa la función $f(x) = ax^2 + bx + c$ mediante su parábola.

Para ello, se calcula:

- El vértice de la parábola:

$$V(x_v, y_v) = \left[\frac{-b}{2a}, f\left(\frac{-b}{2a}\right)\right]$$

- El eje de simetría de la parábola:

$$x = \frac{-b}{2a}$$

- Una tabla de valores.

2 Los valores de la variable x de los puntos de corte de la parábola con el eje X son las soluciones de la ecuación.

Por ejemplo, las soluciones de la ecuación $x^2 - 2x - 3 = 0$ son $x = -1$ y $x = 3$.

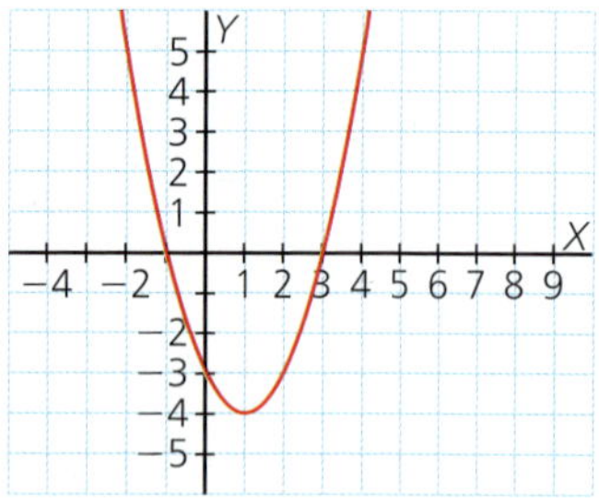

ACTIVIDADES

14 Resuelve las siguientes ecuaciones incompletas:

a. $3x^2 - 12 = 0$
b. $-4x^2 + 9x = 0$
c. $x^2 + 4 = 0$
d. $2x^2 - 10x = 0$
e. $-5x^2 + 5 = 0$
f. $4x^2 - 9 = 0$
g. $-6 + 2x^2 = 0$
h. $7x^2 = -14$
i. $6x^2 = 12x$
j. $4x \cdot (3x - 2) = 0$

15 Halla las soluciones de estas ecuaciones:

a. $x^2 - 4x + 3 = 0$
b. $2x^2 + x - 6 = 0$
c. $4x^2 - 3x + 7 = 0$
d. $x^2 - 8x + 16 = 0$
e. $0 = 4x^2 + 12x + 5$
f. $x^2 - 6x + 9 = 0$
g. $x^2 + 6x = -8$
h. $-3x^2 = -5x + 7$
i. $2x^2 - 8x + 3 = 10 - 4x^2 + 11x$
j. $x^2 + 9 + 2x^2 = 30x - 15x^2$

16 Resuelve las siguientes ecuaciones:

a. $(2x - 1)^2 = 3 \cdot (x^2 - 1)$
b. $4x \cdot (x + 3) - 3x \cdot (x + 3) = 7x - 4$
c. $(x + 8) \cdot (2x - 5) = 0$
d. $5x \cdot (x - 3) = x \cdot (x + 2)$
e. $\dfrac{-4x^2 + 2x - 1}{2} = \dfrac{2x^2 + 3x + 1}{3}$
f. $\dfrac{(x + 2) \cdot (x - 1)}{5} - 2x = \dfrac{(x - 3)^2}{2}$

17 Determina el número de soluciones de las siguientes ecuaciones sin resolverlas:

a. $x^2 - 3x + 4 = 0$
b. $4x^2 + 6x + 3 = 0$
c. $3x^2 - 12x + 12 = 0$
d. $x^2 - x + 3 = 0$
e. $x^2 + 5x - 3 = 0$
f. $-6x^2 + x + 4 = 0$
g. $25x^2 - 30x + 9 = 0$
h. $-3x^2 + 2x - 7 = 0$
i. $-x^2 - 5x - 3 = 0$
j. $x^2 + 2x + 1 = 0$

18 Resuelve la ecuación $3x^2 + 3x - 18 = 0$. Comprueba que sus soluciones, x_1 y x_2, cumplen:

$$x_1 + x_2 = \frac{-b}{a} \text{ y } x_1 \cdot x_2 = \frac{c}{a}$$

19 Escribe una ecuación de segundo grado que tenga estas soluciones:

a. 2 y -3 b. 4 y 5 c. $\frac{1}{2}$ y 4 d. $-\frac{3}{4}$ y $\frac{5}{2}$

20 Halla el valor de m para que las siguientes ecuaciones tengan una única solución:

a. $2x^2 + 20x + m = 0$ b. $x^2 + mx + 16 = 0$

ACTIVIDAD RESUELTA

21 Una de las soluciones de la ecuación $x^2 + mx - 28 = 0$ es $x = -4$; ¿cuál es la otra solución?

Hay dos formas de solucionar la actividad:

[1] Puesto que -4 es solución de la ecuación, al sustituir $x = -4$, la igualdad se debe cumplir. Así:

$$(-4)^2 + m \cdot (-4) - 28 = 0$$
$$16 - 4m - 28 = 0$$
$$-4m - 12 = 0$$
$$m = \frac{12}{-4} = -3$$

Por tanto, la ecuación es $x^2 - 3x - 28 = 0$.

Si se resuelve, se obtiene la otra solución:

$$x = \frac{3 \pm \sqrt{3^2 - 4 \cdot 1 \cdot (-28)}}{2 \cdot 1} = \frac{3 \pm 11}{2} \Rightarrow$$
$$\Rightarrow \begin{cases} x = \frac{3 + 11}{2} = 7 \\ x = \frac{3 - 11}{2} = -4 \end{cases}$$

[2] Si las soluciones de la ecuación son $x_1 = -4$ y x_2, entonces se cumple que:

$$x_1 \cdot x_2 = \frac{c}{a} \Rightarrow -4x_2 = \frac{-28}{1} \Rightarrow x_2 = \frac{-28}{-4} = 7$$

22 Si $x = 2$ es una solución de la ecuación $2x^2 + x + m = 0$, ¿cuál es la otra solución?

23 En grupos de cuatro, comprobad que una de las soluciones de la ecuación $x^2 - x - 1 = 0$ es el número de oro (también llamado razón áurea): $\Phi = \frac{1 + \sqrt{5}}{2}$. Buscad información en Internet sobre este número y haced una presentación donde se ponga de manifiesto la presencia de este número en la naturaleza y en la vida cotidiana.

24 Visita esta página de Internet para repasar las ecuaciones de segundo grado y realiza las actividades propuestas:

http://conteni2.educarex.es/mats/11978/contenido/

04 Ecuaciones bicuadradas

Una ecuación bicuadrada es una ecuación de la forma $ax^4 + bx^2 + c = 0$, donde a, b y c son números reales y $a \neq 0$.

04.1 Resolución de ecuaciones bicuadradas completas

Para resolver una ecuación bicuadrada completa, hay que transformarla previamente en una ecuación de segundo grado mediante un cambio de variable. Con este fin, se han de seguir estos pasos:

1 Se hace el cambio de la variable (incógnita), $x^2 = t$, con lo que la ecuación bicuadrada se convierte en una ecuación de segundo grado con la incógnita t:

$$at^2 + bt + c = 0$$

2 Se resuelve la ecuación de segundo grado y se obtienen, así, las soluciones t_1 y t_2.

3 Se deshace el cambio de variable: $x = \pm\sqrt{t_1}$ y $x = \pm\sqrt{t_2}$, lo que da como resultado las soluciones de la ecuación.

Recuerda

Una ecuación bicuadrada **completa** puede tener:

- Cuatro soluciones distintas.
- Dos soluciones distintas.
- Ninguna solución.

04.2 Resolución de ecuaciones bicuadradas incompletas

Dependiendo del coeficiente que le falte a la ecuación bicuadrada incompleta, la resolución es:

Si $b = 0$ y $c = 0 \Rightarrow$
$\Rightarrow ax^4 = 0 \Rightarrow x = 0$

Si $b = 0 \Rightarrow ax^4 + c = 0$
Se resuelve haciendo el cambio de variable, $x^4 = t^2$, y, una vez calculada la solución, se deshace el cambio.

Si $c = 0$, se resuelve sacando factor común a x^2 y se iguala cada factor a cero.

ACTIVIDAD RESUELTA

Resuelve la ecuación $x^4 - 13x^2 + 36 = 0$.

1 Se hace el cambio $x^2 = t$; luego, $x^4 = (x^2)^2 = t^2$, con lo que se obtiene la ecuación:

$$t^2 - 13t + 36 = 0$$

2 Se resuelve la ecuación de segundo grado:

$$t = \frac{13 \pm \sqrt{13^2 - 4 \cdot 1 \cdot 36}}{2 \cdot 1} = \frac{13 \pm \sqrt{169 - 144}}{2} =$$

$$= \frac{13 \pm \sqrt{25}}{2} = \frac{13 \pm 5}{2} \Rightarrow \begin{cases} t_1 = \dfrac{13+5}{2} = 9 \\ t_2 = \dfrac{13-5}{2} = 4 \end{cases}$$

3 Se deshace el cambio. Como habíamos hecho $x^2 = t$ y obtenido que $t_1 = 9$ y $t_2 = 4$, entonces:

$$x^2 = t \Rightarrow \begin{cases} x^2 = 9 \Rightarrow x = \pm\sqrt{9} = \pm 3 \\ x^2 = 4 \Rightarrow x = \pm\sqrt{4} = \pm 2 \end{cases}$$

La ecuación tiene **cuatro soluciones:** 2, –2, 3 y –3.

ACTIVIDADES RESUELTAS

1 Resuelve la ecuación $3x^4 - 46x^2 - 32 = 0$.

Se hace el cambio $x^2 = t \Rightarrow 3t^2 - 46t - 32 = 0$ y se resuelve la ecuación:

$$t = \frac{46 \pm \sqrt{46^2 - 4 \cdot 3 \cdot (-32)}}{2 \cdot 3} = \frac{46 \pm \sqrt{2116 + 384}}{6} =$$

$$= \frac{46 \pm 50}{6} \Rightarrow \begin{cases} t_1 = \frac{46+50}{6} = 16 \\ t_2 = \frac{46-50}{6} = \frac{-4}{6} = \frac{-2}{3} \end{cases}$$

Se deshace el cambio $x^2 = t$:

$$\begin{cases} x^2 = 16 \rightarrow x = \pm\sqrt{16} = \pm 4 \\ x^2 = \frac{-2}{3} \rightarrow x = \pm\sqrt{\frac{-2}{3}} \Rightarrow \text{No son números reales.} \end{cases}$$

La ecuación tiene **dos soluciones:** 4 y –4.

2 Resuelve la ecuación $x^4 + 10x^2 + 9 = 0$.

Se realiza el cambio $x^2 = t \Rightarrow t^2 + 10t + 9 = 0$ y se resuelve la ecuación:

$$t = \frac{-10 \pm \sqrt{10^2 - 4 \cdot 1 \cdot 9}}{2 \cdot 1} = \frac{-10 \pm \sqrt{100 - 36}}{2} =$$

$$= \frac{-10 \pm 8}{2} \Rightarrow \begin{cases} t_1 = \frac{-10+8}{2} = -1 \\ t_2 = \frac{-10-8}{2} = -9 \end{cases}$$

Se deshace el cambio $x^2 = t$:

$$\begin{cases} x^2 = -1 \rightarrow x = \pm\sqrt{-1} \Rightarrow \text{No son números reales.} \\ x^2 = -9 \rightarrow x = \pm\sqrt{-9} \Rightarrow \text{No son números reales.} \end{cases}$$

La ecuación **no tiene solución.**

ACTIVIDADES

25 Resuelve las siguientes ecuaciones bicuadradas completas:

a. $x^4 - 5x^2 + 4 = 0$

b. $x^4 - 24x^2 - 25 = 0$

c. $4x^4 - 13x^2 + 9 = 0$

d. $x^4 + 17x^2 + 16 = 0$

e. $3x^4 - 3x^2 + 5 = 0$

f. $100x^4 - 29x^2 + 1 = 0$

g. $6x^4 + 5x^2 + 1 = 0$

h. $4x^4 - 8x^2 - 5 = 0$

i. $x^4 - 5x^2 + 6 = 0$

j. $5x^4 + 2x^2 - 1 = 0$

ACTIVIDAD RESUELTA

26 Resuelve la ecuación incompleta $x^4 - 9x^2 = 0$.

Se hace el cambio $x^2 = t \Rightarrow t^2 - 9t = 0$ y se resuelve la ecuación:

$$t \cdot (t - 9) = 0 \Rightarrow \begin{cases} t_1 = 0 \\ t_2 = 9 \end{cases}$$

Se deshace el cambio $x^2 = t$:

$$\begin{cases} x^2 = 0 \rightarrow x = 0 \\ x^2 = 9 \rightarrow x = \pm\sqrt{9} = \pm 3 \end{cases}$$

Las soluciones son 0 (doble), 3 y –3.

27 Encuentra las soluciones de las siguientes ecuaciones bicuadradas incompletas:

a. $x^4 - 16 = 0$

b. $x^4 - 25x^2 = 0$

c. $3x^4 + 27 = 0$

d. $2x^4 = 18x^2$

e. $5x^2 = 20x^4$

f. $-4x^4 + 9 = 0$

g. $0 = 8\ 1 - x^4$

h. $-6x^4 = -24x^2$

i. $-3x^2 = 5x^4$

28 Escribe una ecuación bicuadrada que tenga estas soluciones:

a. 2, –2, 5, –5

b. 3, –3, $\frac{1}{2}$, $-\frac{1}{2}$

c. $\sqrt{2}, -\sqrt{2}, \sqrt{3}, -\sqrt{3}$

d. 1, –1, $\sqrt{\frac{2}{3}}, -\sqrt{\frac{2}{3}}$

29 Resuelve las ecuaciones.

a. $(x^2 - 9) \cdot (x^2 - 1) = 0$

b. $(x^2 - 2) \cdot (9x^2 + 25) = 0$

c. $(4x^2 - 1) \cdot (4x^2 - 16)$

d. $\frac{x^2 \cdot (x^2 - 4)}{5} + 12 = 5x^2 - 8$

e. $\frac{-x^4 - 5x^2 + 1}{6} + x^2 = \frac{-3x^4 - 2}{8}$

f. $0 = \frac{(x^2 - 3)^2 + (x^2 - 3) \cdot (x^2 + 3)}{2}$

05 Resolución de problemas mediante ecuaciones

Las ecuaciones nos permiten resolver numerosos problemas matemáticos al plantearlos en lenguaje algebraico.

Para resolver un problema mediante una ecuación, se han de observar los siguientes pasos:

1. Se identifica la incógnita entre los valores desconocidos del problema.
2. Se plantea la ecuación.
3. Se resuelve la ecuación planteada.
4. Se comprueba la solución obtenida y se interpreta en el marco del problema.

05.1 Resolución de problemas con ecuaciones de primer grado

Veamos con un ejemplo la resolución de problemas con ecuaciones de primer grado mediante el procedimiento descrito.

ACTIVIDAD RESUELTA

En la biblioteca de un instituto hay el doble de novelas que de obras de teatro y 75 obras de teatro más que libros de poesía. Si en total hay 305 libros, ¿cuántos ejemplares son de cada tipo?

[1] Se identifica la incógnita:

Hay tres datos desconocidos: el número de novelas, el de obras de teatro y el de libros de poesía, por lo que uno de ellos será x.

Como el número de novelas se da en función del número de obras de teatro, y el de obras de teatro, en función del número de libros de poesía, llamaremos x al número de libros de poesía.

Número de libros de poesía	x
Número de obras de teatro	$x + 75$
Número de novelas	$2 \cdot (x + 75)$

[2] Se plantea la ecuación:

La suma de los libros es igual a 305; de este modo:

$$x + x + 75 + 2 \cdot (x + 75) = 305.$$

[3] Se resuelve la ecuación:

$$x + x + 75 + 2 \cdot (x + 75) = 305$$

$$x + x + 75 + 2x + 150 = 305$$

$$4x = 80 \Rightarrow x = \frac{80}{4} = 20$$

[4] Se comprueba e interpreta la solución:

Número de libros de poesía $\Rightarrow x = 20$

Número de obras de teatro $\Rightarrow x + 75 = 20 + 75 = 95$

Número de novelas $\Rightarrow 2 \cdot (x + 75) = 2 \cdot 95 = 190$

En total hay $20 + 95 + 190 = 305$ libros.

05.2 Resolución de problemas con ecuaciones de segundo grado

Veamos ahora con un ejemplo la resolución de problemas con ecuaciones de segundo grado. Para ello, seguiremos el procedimiento anterior.

ACTIVIDAD RESUELTA

El área de un rectángulo es 187 cm^2. Si la base mide 6 cm más que la altura, ¿cuáles son sus dimensiones?

1 Se identifica la incógnita:

Hay dos datos desconocidos: la base y la altura, por lo que uno de ellos será x. Como la base se da en función de la altura, llamaremos x a la altura:

$$\text{Altura} = x;\ \text{base} = x + 6$$

2 Se plantea la ecuación:

$$\text{El área de un rectángulo es } 187\ \text{cm}^2 \Rightarrow (x + 6) \cdot x = 187$$

3 Se resuelve la ecuación:

$$(x + 6) \cdot x = 187 \Rightarrow x^2 + 6x - 187 = 0$$

$$x = \frac{-6 \pm \sqrt{6^2 - 4 \cdot 1 \cdot (-187)}}{2 \cdot 1} = \frac{-6 \pm \sqrt{36 + 748}}{2} = \frac{-6 \pm 28}{2} \Rightarrow$$

$$\Rightarrow \begin{cases} x_1 = \dfrac{-6 + 28}{2} = \dfrac{22}{2} = 11 \\ x_2 = \dfrac{-6 - 28}{2} = \dfrac{-34}{2} = -17 \end{cases}$$

4 Se comprueba e interpreta la solución:

La solución $x = -17$ no es válida, pues no existen longitudes negativas. Por tanto, la altura es $x = 11$ cm, y la base, $x + 6 = 11 + 6 = 17$ cm.

Como el área del rectángulo es base · altura, entonces $11 \cdot 17 = 187$ cm^2.

ACTIVIDADES

30 Un cuaderno cuesta el triple que un bolígrafo. Si Inés ha comprado 3 cuadernos y 5 bolígrafos y ha pagado 10,50 €, ¿cuánto le ha costado cada cuaderno y cada bolígrafo?

31 Determina tres números naturales consecutivos cuya suma sea 282.

32 Tres hermanos se reparten 3 400 €. El mediano recibe 200 € más que el pequeño, y el mayor, el cuádruple que el mediano. ¿Cuánto dinero recibe cada uno?

33 La diagonal de un cuadrado mide 10 cm. Determina el lado del cuadrado.

34 Si al cuadrado de un número se le resta su quinta parte, se obtiene 24. ¿Cuál es el número?

35 Dos números se diferencian en 3 unidades. Si su producto es 108, ¿cuáles son estos números?

36 La suma de los cuadrados de dos números enteros consecutivos es 313. Halla dichos números.

37 Los asistentes a una reunión se estrechan la mano unos a otros. Uno de ellos sumó un total de 66 apretones. ¿Cuántas personas concurrieron a la reunión?

06 Sistemas de dos ecuaciones lineales con dos incógnitas. Representación e interpretación gráfica de las soluciones

Se abordan aquí, en primer lugar, las ecuaciones lineales y su representación gráfica, para estudiar, a continuación, los sistemas de ecuaciones lineales y la representación gráfica de sus soluciones.

06.1 Ecuaciones lineales

> * Una ecuación lineal es una ecuación de primer grado con dos incógnitas de la forma ax + by = c, donde a, b y c son números reales.

La solución de una ecuación lineal es cualquier par de valores, (x , y), que hagan cierta la igualdad, por lo que tiene infinitas soluciones.

Representación gráfica

La ecuación lineal $ax + by = c$ se representa mediante una recta. Cada punto de la recta es una solución de la ecuación.

06.2 Sistemas de dos ecuaciones lineales

> * Un sistema de dos ecuaciones lineales está formado por dos ecuaciones lineales y se representa de la siguiente forma:
>
> $$\begin{cases} ax + by = c \\ a'x + b'y = c' \end{cases}$$
>
> En esta expresión, a y a' son los coeficientes de x; b y b', los de y, y los términos independientes son c y c'.

Así, por ejemplo, para resolver gráficamente el sistema $\begin{cases} 3x + y = 2 \\ 2x - y = 3 \end{cases}$, se construye una tabla de valores para cada una de las ecuaciones y se representan en el mismo eje de coordenadas.

La solución de un sistema de dos ecuaciones lineales es la solución común a ambas ecuaciones.

x	1	0	−1
$y = 2 - 3x$	−1	2	5

x	2	0	−1
$y = -3 + 2x$	1	−3	−5

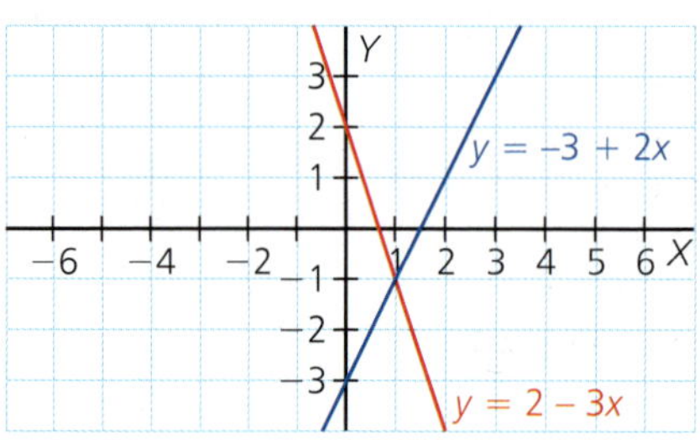

Interpretación gráfica de las soluciones

Para determinar el número de soluciones de un sistema, hay que fijarse en la posición relativa de las dos rectas que lo forman. Así, cabe distinguir tres tipos de sistemas, tal y como se relaciona en la siguiente tabla:

	Compatible determinado	**Compatible indeterminado**	**Incompatible**
Número de soluciones	Tiene una solución.	Tiene infinitas soluciones.	No tiene solución.
Propiedad	$\frac{a}{a'} \neq \frac{b}{b'}$	$\frac{a}{a'} = \frac{b}{b'} = \frac{c}{c'}$	$\frac{a}{a'} = \frac{b}{b'} \neq \frac{c}{c'}$
Interpretación gráfica de las soluciones	Son rectas secantes. Se cortan en punto. 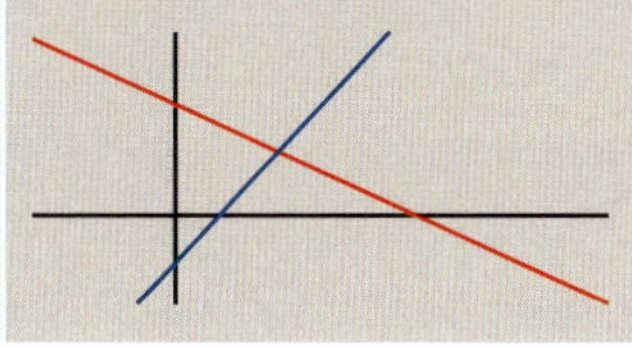	Son rectas coincidentes. Se cortan en infinitos puntos. 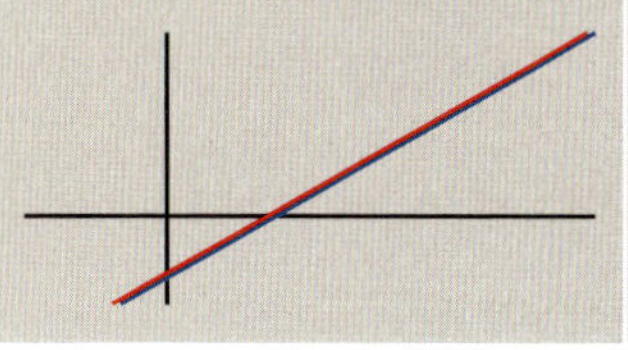	Son rectas paralelas. No se cortan en ningún punto. 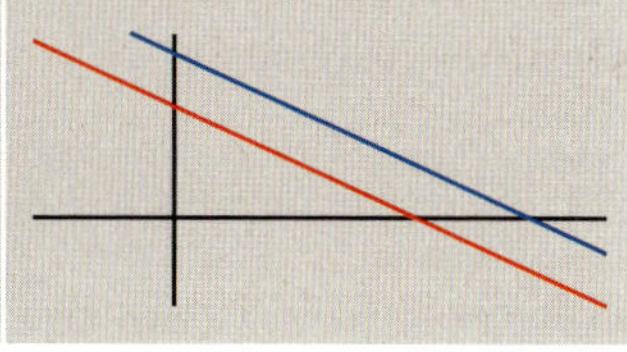

ACTIVIDADES RESUELTAS

1 Representa la ecuación lineal $3x + y = 2$.

[1] Se despeja la incógnita $y \Rightarrow y = 2 - 3x$.

[2] Se obtiene una tabla de valores (x, y):

x	1	0	−1
y	−1	2	5

[3] Se representan los puntos en un eje de coordenadas y se unen, con lo que se obtiene la recta.

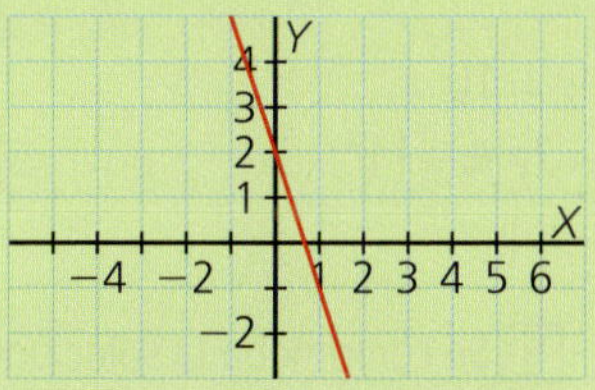

2 Clasifica los siguientes sistemas de ecuaciones lineales:

a. $\begin{cases} 3x + y = -1 \\ -4x + 2y = 8 \end{cases}$ b. $\begin{cases} 4x - 2y = 10 \\ -2x + y = -5 \end{cases}$

c. $\begin{cases} 4x - 2y = 0 \\ -2x + y = -5 \end{cases}$

a. Como $\frac{3}{-4} \neq \frac{1}{2}$, el sistema es compatible determinado.

b. Como $\frac{4}{-2} = \frac{-2}{1} = \frac{10}{-5}$, el sistema es compatible indeterminado.

c. Como $\frac{4}{-2} = \frac{-2}{1} \neq \frac{0}{-5}$, el sistema es incompatible.

ACTIVIDADES

38 Fíjate en los siguientes pares de valores (x, y): $(1, -3)$ y $(2, 1)$. Comprueba si son solución de estos sistemas:

a. $\begin{cases} 4x - 3y = 5 \\ -x + 2y = 0 \end{cases}$ b. $\begin{cases} 7x + 2y = 1 \\ 4x + y = 2 \end{cases}$ c. $\begin{cases} x - y = 4 \\ 5x + 3y = -4 \end{cases}$

39 → Visita esta página de Internet para repasar los sistemas de ecuaciones lineales y realiza las actividades propuestas:

http://conteni2.educarex.es/mats/11987/contenido/

40 Resuelve gráficamente los sistemas planteados y clasifícalos según su número de soluciones.

a. $\begin{cases} x + y = 5 \\ 2x + y = 3 \end{cases}$ c. $\begin{cases} x + 2y = 4 \\ 2x - y = 8 \end{cases}$

b. $\begin{cases} 3x + y = 2 \\ 6x + 2y = 9 \end{cases}$ d. $\begin{cases} 2x - 3y = -1 \\ -4x + 6y = 2 \end{cases}$

07 Resolución de sistemas de dos ecuaciones lineales con dos incógnitas

Ya hemos visto que un sistema de dos ecuaciones lineales con dos incógnitas se puede resolver a partir de la representación gráfica de sus rectas. Ahora vamos a estudiar tres métodos algebraicos de resolución de los mismos.

07.1 Método de sustitución

Para resolver un sistema de ecuaciones por el **método de sustitución**, hay que seguir estos pasos:

1. Se despeja una de las incógnitas en una de las ecuaciones.
2. Se sustituye la expresión de la incógnita despejada en la otra ecuación.
3. Se resuelve la ecuación resultante.
4. El valor obtenido de la incógnita se sustituye en la expresión despejada de esta incógnita, determinando, así, el valor de la otra incógnita.
5. Se comprueba el resultado.

Observa

La solución obtenida es la misma independientemente del método de resolución aplicado.

ACTIVIDAD RESUELTA

Resuelve el siguiente sistema por el método de sustitución: $\begin{cases} 4x + y = 10 \\ -5x - 2y = -11 \end{cases}$.

1 Se despeja la incógnita y de la primera ecuación:

$$y = 10 - 4x$$

2 Se sustituye la expresión de y en la segunda ecuación:

$$-5x - 2 \cdot (10 - 4x) = -11$$

3 Se resuelve la ecuación resultante:

$$-5x - 2 \cdot (10 - 4x) = -11$$

$$-5x - 20 + 8x = -11$$

$$-5x + 8x = -11 + 20$$

$$3x = 9 \Rightarrow x = \frac{9}{3} = 3$$

4 Se sustituye el valor obtenido de x en la expresión despejada de y:

$$y = 10 - 4 \cdot 3 = 10 - 12 = -2$$

5 Se comprueba la solución $(x, y) = (3, -2)$. Para ello, se sustituyen los valores obtenidos en las dos ecuaciones:

$$\begin{cases} 4x + y = 10 \\ -5x - 2y = -11 \end{cases} \Rightarrow \begin{cases} 4 \cdot 3 - 2 = 10 & \Rightarrow 12 - 2 = 10 \\ -5 \cdot 3 - 2 \cdot (-2) = -11 & \Rightarrow -15 + 4 = -11 \end{cases}$$

La solución es $(x, y) = (3, -2)$.

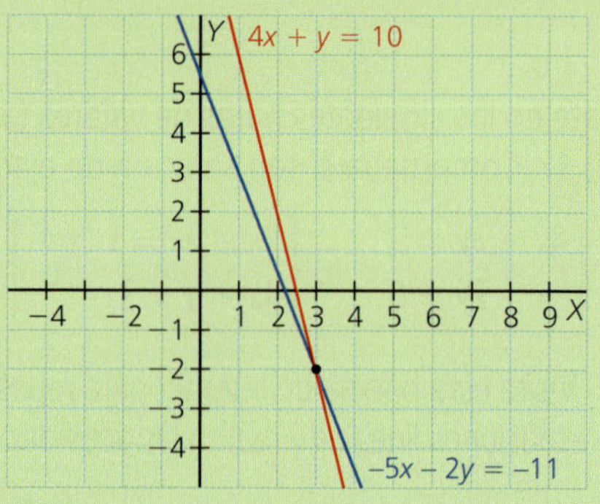

07.2 Método de igualación

Los pasos para resolver un sistema de ecuaciones por el **método de igualación** son los siguientes:

1. Se despeja la misma incógnita en las dos ecuaciones.
2. Se igualan las dos expresiones despejadas.
3. Se resuelve la ecuación resultante.
4. El valor obtenido de la incógnita se sustituye en cualquiera de las dos expresiones despejadas de esta incógnita, lo que permite determinar el valor de la otra incógnita.
5. Se comprueba la solución.

ACTIVIDAD RESUELTA

Resuelve el siguiente sistema por el método de igualación: $\begin{cases} 2x - 3y = -5 \\ -x + 6y = 7 \end{cases}$.

[1] Se despeja la incógnita x de las dos ecuaciones:

$$\begin{cases} 2x - 3y = -5 \rightarrow x = \dfrac{-5 + 3y}{2} \\ -x + 6y = 7 \rightarrow -x = 7 - 6y \rightarrow x = -7 + 6y \end{cases}$$

[2] Se igualan las dos expresiones despejadas de x:

$$\frac{-5 + 3y}{2} = -7 + 6y$$

[3] Se resuelve la ecuación resultante:

$$\frac{-5 + 3y}{2} = \frac{2 \cdot (-7 + 6y)}{2}$$

$$-5 + 3y = 2 \cdot (-7 + 6y)$$

$$-5 + 3y = -14 + 12y$$

$$3y - 12y = -14 + 5$$

$$-9y = -9$$

$$y = \frac{-9}{-9} = 1$$

[4] Se sustituye el valor obtenido de y en la expresión resultante de despejar x en la segunda ecuación:

$$x = -7 + 6 \cdot 1 = -7 + 6 = -1$$

[5] Se comprueba la solución $(x, y) = (-1, 1)$. Para ello, se sustituyen los valores obtenidos en las dos ecuaciones con objeto de comprobar que ambas igualdades se cumplen:

$$\begin{cases} 2x - 3y = -5 \\ -x + 6y = 7 \end{cases} \Rightarrow$$

$$\Rightarrow \begin{cases} 2 \cdot (-1) - 3 \cdot 1 = -5 \Rightarrow -2 - 3 = -5 \\ -(-1) + 6 \cdot 1 = 7 \Rightarrow 1 + 6 = 7 \end{cases}$$

La solución es $(x, y) = (-1, 1)$.

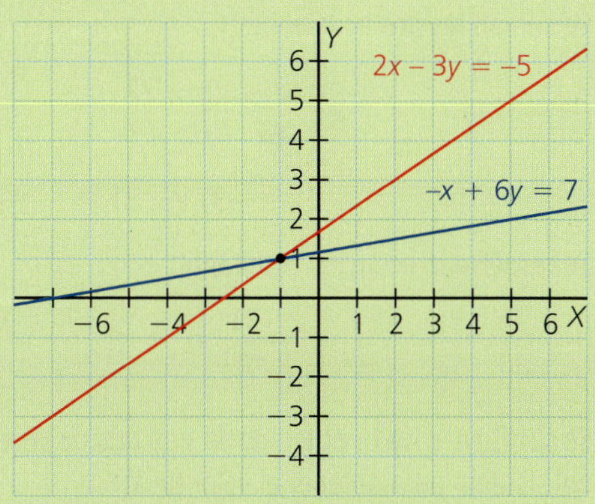

07.3 Método de reducción

Finalmente, un sistema de ecuaciones puede resolverse también por el **método de reducción**, que consta de los siguientes pasos:

1. Se multiplican las ecuaciones por los números necesarios para conseguir que los coeficientes de una de las dos incógnitas sean iguales, pero de signo contrario.
2. Se suman las ecuaciones.
3. Se resuelve la ecuación resultante.
4. El valor obtenido de la incógnita se sustituye en cualquiera de las dos ecuaciones con objeto de hallar el valor de la otra incógnita.
5. Se comprueba la solución.

ACTIVIDAD RESUELTA

Resuelve el siguiente sistema por el método de reducción: $\begin{cases} 3x - 5y = 11 \\ 2x + 7y = -3 \end{cases}$.

[1] Se multiplica la primera ecuación por 2 y la segunda por –3:

Se multiplica por 2.

$$\begin{cases} 3x - 5y = 11 \\ 2x + 7y = -3 \end{cases} \longrightarrow \begin{cases} 6x - 10y = 22 \\ -6x - 21y = 9 \end{cases}$$

Se multiplica por –3.

[2] Se suman las dos ecuaciones:

$$+\begin{cases} 6x - 10y = 22 \\ -6x - 21y = 9 \end{cases}$$
$$-31y = 31$$

[3] Se resuelve la ecuación resultante:

$$y = \frac{31}{-31} = -1$$

[4] Se sustituye el valor obtenido de *y* en una de las ecuaciones del sistema para obtener el valor de *x:*

$$3x - 5y = 11 \Rightarrow 3x - 5 \cdot (-1) = 11 \Rightarrow$$
$$\Rightarrow 3x + 5 = 11 \Rightarrow x = \frac{6}{3} = 2$$

[5] Se comprueba la solución $(x, y) = (2, -1)$. Para ello, se sustituyen los valores obtenidos en las dos ecuaciones a fin de comprobar que ambas igualdades se cumplen:

$$\begin{cases} 3x - 5y = 11 \\ 2x + 7y = -3 \end{cases} \Rightarrow \begin{cases} 3 \cdot 2 - 5 \cdot (-1) = 11 \Rightarrow 6 + 5 = 11 \\ 2 \cdot 2 + 7 \cdot (-1) = -3 \Rightarrow 4 - 7 = -3 \end{cases}$$

La solución es $(x, y) = (2, -1)$.

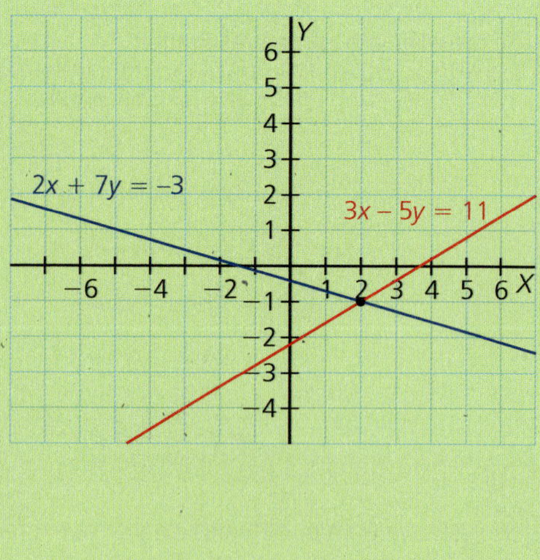

ACTIVIDADES

41 Resuelve los siguientes sistemas de ecuaciones por el método de sustitución:

a. $\begin{cases} x + y = 8 \\ 2x - 3y = -9 \end{cases}$ d. $\begin{cases} -x + 2y = 2 \\ -6x + 5y = 5 \end{cases}$

b. $\begin{cases} -4x - y = -5 \\ x + 7y = 8 \end{cases}$ e. $\begin{cases} 3x + 2y = -1 \\ 4x = -3y \end{cases}$

c. $\begin{cases} 2x - 5y = 1 \\ 3x + y = 10 \end{cases}$ f. $\begin{cases} -6x + 4y = 3 \\ 3x - 2y = -1 \end{cases}$

42 Corrige el error cometido al resolver este sistema por el método de sustitución. Resuélvelo correctamente.

$$\begin{cases} 3x - y = 3 \\ x - 2y = 6 \end{cases} \Rightarrow \begin{cases} y = 3 - 3x \\ x - 2y = 6 \end{cases} \Rightarrow x - 2 \cdot (3 - 3x) = 6$$

$$\Rightarrow x - 6 + 6x = 6 \Rightarrow 7x = 12 \Rightarrow x = \frac{12}{7}$$

$$y = 3 - 3 \cdot \frac{12}{7} = 3 - \frac{36}{7} = -\frac{15}{7}$$

43 Soluciona estos sistemas de ecuaciones por el método de igualación:

a. $\begin{cases} x - 3y = -11 \\ 2x + 5y = 0 \end{cases}$ d. $\begin{cases} 2x - y = 1 \\ 10x - 5y = 5 \end{cases}$

b. $\begin{cases} 6x + 7y = -5 \\ 3x - 2y = -8 \end{cases}$ e. $\begin{cases} -8x + 6y = -1 \\ 4x - 3y = 2 \end{cases}$

c. $\begin{cases} 3x - 2y = 2 \\ 3x + 12y = -5 \end{cases}$ f. $\begin{cases} 3x - 3 = y \\ x = 6 + 2y \end{cases}$

44 Corrige el error cometido al resolver este sistema por el método de igualación. Resuélvelo correctamente.

$$\begin{cases} 3x + 5y = -2 \\ 4x - 2y = 6 \end{cases} \Rightarrow \begin{cases} x = \dfrac{-2 - 5y}{3} \\ x = \dfrac{6 + 2y}{4} \end{cases} \Rightarrow \frac{-2 - 5y}{3} = \frac{6 + 2y}{4}$$

$$\Rightarrow 3 \cdot (-2 - 5y) = 4 \cdot (6 + 2y) \Rightarrow -6 - 15y = 24 + 8y$$

$$\Rightarrow -23y = 30 \Rightarrow y = -\frac{30}{23}$$

$$x = \frac{6 + 2 \cdot \left(-\frac{30}{23}\right)}{4} = \frac{6 - \frac{60}{23}}{4} = \frac{78}{92} = \frac{39}{46}$$

45 Soluciona estos sistemas de ecuaciones por el método de reducción:

a. $\begin{cases} 3x + 7y = 5 \\ 2x + 4y = 6 \end{cases}$ d. $\begin{cases} 2x - 6y = 0 \\ -3x + 4y = 0 \end{cases}$

b. $\begin{cases} 9x - 3y = 5 \\ 3x - y = 2 \end{cases}$ e. $\begin{cases} -4x - 2y = 14 \\ 5y = -23 - 4x \end{cases}$

c. $\begin{cases} -3x + 4y = -1 \\ 5 = 6x + 4y \end{cases}$ f. $\begin{cases} x - 2y = 1 \\ 6x - 12y = 6 \end{cases}$

46 Corrige el error cometido al resolver este sistema por el método de reducción. Resuélvelo correctamente.

$$\begin{cases} 5x - 3y = -1 \\ 2x - 5y = -11 \end{cases} \Rightarrow \begin{cases} 10x - 6y = -1 \\ -10x + 25y = -11 \end{cases}$$

$$19y = -12 \Rightarrow y = \frac{-12}{19}$$

$$5x - 3 \cdot \left(\frac{-12}{19}\right) = -1 \Rightarrow x = \frac{-11}{19}$$

47 Resuelve el sistema $\begin{cases} 2x - y = 1 \\ 3x + 2y = -9 \end{cases}$:

a. Por el método gráfico.

b. Por los tres métodos algebraicos.

Comprueba que se obtiene la misma solución al aplicar cualquiera de los métodos.

48 Elige el método más adecuado para resolver los siguientes sistemas de ecuaciones:

a. $\begin{cases} x - 4y + 5 = 2y + 3x - 3 \\ 6x = 1 + 5y \end{cases}$ d. $\begin{cases} -\dfrac{2x}{3} + \dfrac{y}{2} = -5 \\ \dfrac{x}{2} + \dfrac{5y}{4} = \dfrac{1}{2} \end{cases}$

b. $\begin{cases} 2{,}8x - 1{,}7y = 8{,}9 \\ 3{,}2 \cdot (x - 3y) = -12{,}8 \end{cases}$ e. $\begin{cases} \dfrac{x + y}{3} + \dfrac{2x}{5} = \dfrac{1}{3} \\ \dfrac{4x}{5} - \dfrac{3 \cdot (x - 2y)}{2} = 3 \end{cases}$

c. $\begin{cases} 2x + \dfrac{y}{4} = 5 \\ -3 \cdot (x - 1) + 13 = 2 \cdot (y + 1) \end{cases}$ f. $\begin{cases} 2 \cdot \left(3x - \dfrac{y}{2}\right) = \dfrac{1}{4} \\ 7 + \dfrac{1}{2}y = 3x \end{cases}$

08 Resolución de problemas mediante sistemas de ecuaciones

Los sistemas de ecuaciones, al igual que las ecuaciones, permiten resolver numerosos problemas matemáticos al plantearlos en lenguaje algebraico.

Para resolver un problema mediante un sistema de ecuaciones, se sigue este procedimiento:

1. Se identifican las dos incógnitas entre los valores desconocidos del problema.
2. Se plantea el sistema de ecuaciones.
3. Se resuelve, por el método más adecuado, el sistema de ecuaciones planteado.
4. Se comprueba la solución obtenida y se interpreta la solución en el marco del problema.

ACTIVIDAD RESUELTA

Daniel ha pagado en la papelería 11 € por 3 cuadernos y 5 bolígrafos. Su amiga Andrea, ha pagado en la misma papelería, 8 € por 2 cuadernos y 4 bolígrafos. ¿Cuánto cuesta un cuaderno? ¿Y un bolígrafo?

1. Se identifican las incógnitas.

Hay dos datos desconocidos: el precio de un cuaderno y el de un bolígrafo.

Precio de un cuaderno: x; precio de un bolígrafo: y.

2. Se plantea el sistema de ecuaciones:

3 cuadernos y 5 bolígrafos cuestan 11 € $\Rightarrow 3x + 5y = 11$.

2 cuadernos y 4 bolígrafos cuestan 8 € $\Rightarrow 2x + 4y = 8$.

Así, el sistema planteado es $\begin{cases} 3x + 5y = 11 \\ 2x + 4y = 8 \end{cases}$.

3. Se resuelve el sistema de ecuaciones mediante el método de reducción:

$$\begin{array}{l} \text{Se multiplica por } 2 \Rightarrow \\ \text{Se multiplica por } 3 \Rightarrow \end{array} + \begin{cases} 6x + 10y = 22 \\ -6x - 12y = -24 \end{cases}$$

$$-2y = -2 \Rightarrow y = \frac{-2}{-2} = 1$$

Se sustituye el valor de $y = 1$ en la primera ecuación y se despeja x:

$$3x + 5 \cdot 1 = 11 \Rightarrow 3x = 11 - 5 \Rightarrow x = \frac{6}{3} = 2$$

4. Se comprueba y se interpreta la solución:

$$\begin{cases} 3x + 5y = 11 \\ 2x + 4y = 8 \end{cases} \Rightarrow \begin{cases} 3 \cdot 2 + 5 \cdot 1 = 11 \\ 2 \cdot 2 + 4 \cdot 1 = 8 \end{cases} \Rightarrow$$ Por tanto, el cuaderno cuesta 2 € y el bolígrafo 1 €.

ACTIVIDADES

49 Por 6 refrescos y 3 bocadillos, varios amigos pagan 18 € en una cafetería. A la semana siguiente, pagan 22,20 € en el mismo establecimiento por 7 refrescos y 4 bocadillos. ¿Cuánto cuesta un refresco y un bocadillo?

50 Juan tiene 15 años más que Antonio. Dentro de 10 años, Juan tendrá el doble de edad que Antonio. ¿Cuántos años tienen los dos amigos?

51 La suma de dos números es 65, y su diferencial 11. ¿Cuáles son dichos números?

52 Dos números suman 40. Si el menor se divide entre 4, y el mayor, entre 3, los números obtenidos se diferencian en –4. Halla dichos números.

53 En un aparcamiento público hay 235 vehículos entre coches y motos. Si en total suman 718 ruedas, ¿cuántos vehículos hay de cada tipo?

54 Dentro de 8 años la edad de su madre será el doble que la de Susana, pero hace 3 años la edad de Susana era la tercera parte de la de su madre. ¿Cuál es la edad de madre e hija?

55 Herminio ha pagado un libro electrónico que cuesta 175 € con billetes de 5 € y de 10 €. Si pagó con 22 billetes, ¿cuántos billetes había de 5 € y cuántos de 10 €?

56 Una empresa que se dedica a la cría de camellos y dromedarios acoge en sus instalaciones 182 cabezas y 286 jorobas; ¿cuántos animales tiene de cada tipo?

57 La suma de las dos cifras de un número es 15. Hállalo teniendo en cuenta que la cifra de las decenas es igual a las $\frac{2}{3}$ partes de la cifra de las unidades.

58 Carmen pagó 49 € por un pantalón y un jersey. En rebajas, su amiga Pilar ha pagado por el pantalón un 20 % menos y por el jersey un 30 % menos, con lo que le ha costado en total 37,10 €. ¿Cuál era el precio del pantalón y del jersey antes de las rebajas?

59 Edu ha pagado en total 7 € por 4 kg de naranjas y 5 kg de manzanas. La semana pasada pagó 5 € por 3 kg de naranjas y 4 kg de manzanas. ¿A cuánto están el kilo de naranjas y el de manzanas?

60 Halla dos números cuyo cociente vale 3 y cuya diferencia es 8.

61 Si María regala a David 5 cromos de su colección, tendrá el triple de cromos que él. Si David le da 1 cromo a María, tendrá la novena parte que ella. ¿Cuántos cromos tiene cada uno?

62 El perímetro de un rectángulo es de 42 cm. Si la altura mide 5 cm menos que la base, ¿cuáles son las dimensiones del rectángulo?

63 Un examen de Biología consta de 25 preguntas tipo test. Los aciertos suman 0,4 puntos, mientras que los fallos restan 0,2 puntos. Si Andrea ha contestado a todas las preguntas y ha sacado un 6,4, ¿cuántos aciertos y fallos ha tenido?

64 Un pintor mezcla dos tipos de pintura, una de 3,50 €/kg y otra de 1,50 €/kg, para elaborar una mezcla de 2,50 €/kg. ¿Cuántos kilos necesita de cada tipo si quiere obtener 50 kg de mezcla?

65 En una granja hay 98 animales entre gallinas y conejos. Si suman un total de 268 patas, ¿cuántos animales hay de cada tipo?

66 Sergio y Mario han hecho un trabajo por el que han cobrado 840 €. Si Mario ha trabajado el triple de horas que Sergio, ¿cuánto debe cobrar cada uno?

67 Por la compra de 3 libros cuyo precio es el mismo, y 2 CD, ambos al mismo precio, Ana ha pagado 75 €. Si un libro cuesta 5 € más que un CD, ¿cuál es el precio de un libro? ¿Y el de un CD?

68 La suma de las edades de un padre y su hijo es de 34 años. Dentro de 7 años, la edad del padre será el triple que la del hijo; ¿cuántos años tienen ambos actualmente?

69 El perímetro de un triángulo isósceles es de 30 cm. Si el lado desigual mide 3 cm menos que los lados iguales, ¿qué longitud tienen los lados del triángulo?

70 Para pintar un edificio se han mezclado dos tipos de pintura: una de 4 €/kg y otra de 6,50 €/kg. Si se necesitan 120 kg de mezcla y el precio del kilo de mezcla es de 5 €, ¿cuántos kilos de cada tipo de pintura se necesitan para elaborar la mezcla?

71 → Visita esta página de Internet y realiza las actividades propuestas:

http://conteni2.educarex.es/mats/11994/contenido/

HERRAMIENTAS TECNOLÓGICAS

Ecuaciones y sistemas de ecuaciones con Wiris

El programa Wiris permite resolver ecuaciones y sistemas de ecuaciones seleccionando, desde el menú [Operaciones], el icono [resolver ecuación] o [resolver sistema], respectivamente.

Resolución de ecuaciones

En este caso se selecciona el icono [resolver ecuación] y se escriben los dos miembros de la ecuación; a continuación, se pulsa [=] y se obtiene la solución o soluciones.

Es posible resolver ecuaciones de primer grado, de segundo grado, con paréntesis, con fracciones, raíces cuadradas, etc., mediante los iconos [□°], [(□)], [□/□], [√□]. (A)

Observa en la pantalla que, si la ecuación tiene solución, esta aparece entre llaves; si tiene infinitas soluciones, se muestra entre llaves la variable de la ecuación igualada consigo misma, mientras que, si la ecuación no tiene solución, aparece un hueco vacío entre llaves y la palabra «resolver» en color.

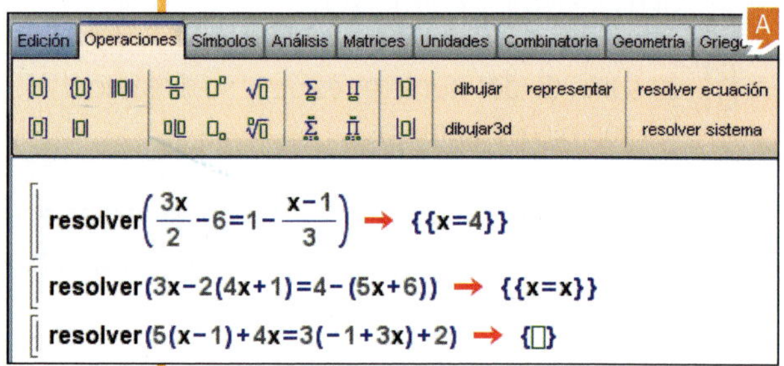

Resolución de sistemas de ecuaciones

En este otro caso se selecciona el icono [resolver sistema] del menú **Operaciones.** Al hacerlo, aparecerá en la pantalla una ventana en la que se escribe el número de ecuaciones del sistema que hay que resolver. (B)

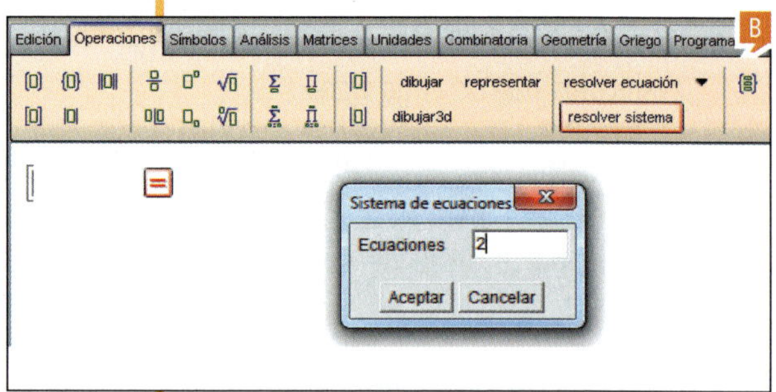

Tras seleccionar el número de ecuaciones, se escriben las ecuaciones del sistema y, al pulsar en el icono [=], se obtiene el resultado. (C)

Observa que, al igual que ocurría en el caso de la resolución de ecuaciones, hay tres tipos de sistemas según su número de soluciones (una, infinitas o ninguna).

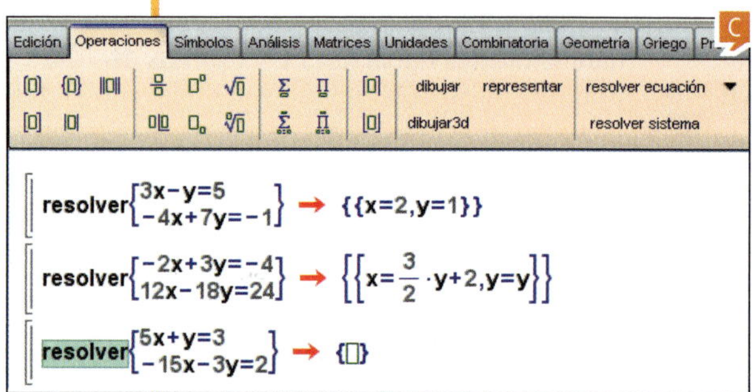

Representación de sistemas de ecuaciones

Para representar un sistema de ecuaciones con Wiris, se selecciona en la barra de menú la opción [Operaciones]. A continuación, se hace clic en [dibujar] y se elige [(□)]. En la pantalla que aparece se indica 2 en el número de filas, para luego escribir las dos ecuaciones del sistema y pulsar finalmente en el signo igual. (D)

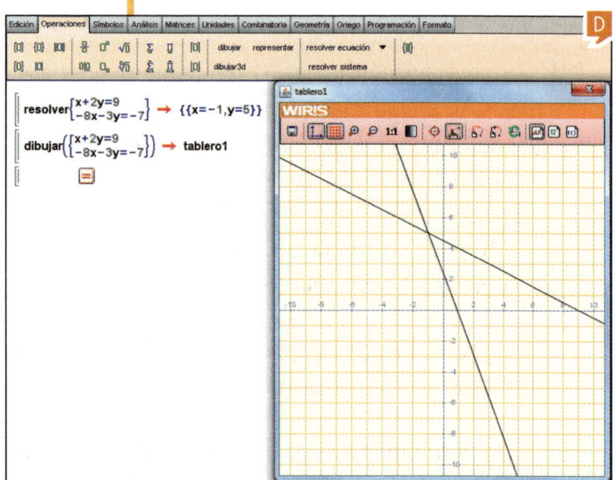

APRENDO A APRENDER

Copia, completa e ilustra en tu cuaderno el siguiente mapa conceptual y después contesta a las preguntas. También lo puedes realizar en el ordenador con el programa CmapTools.

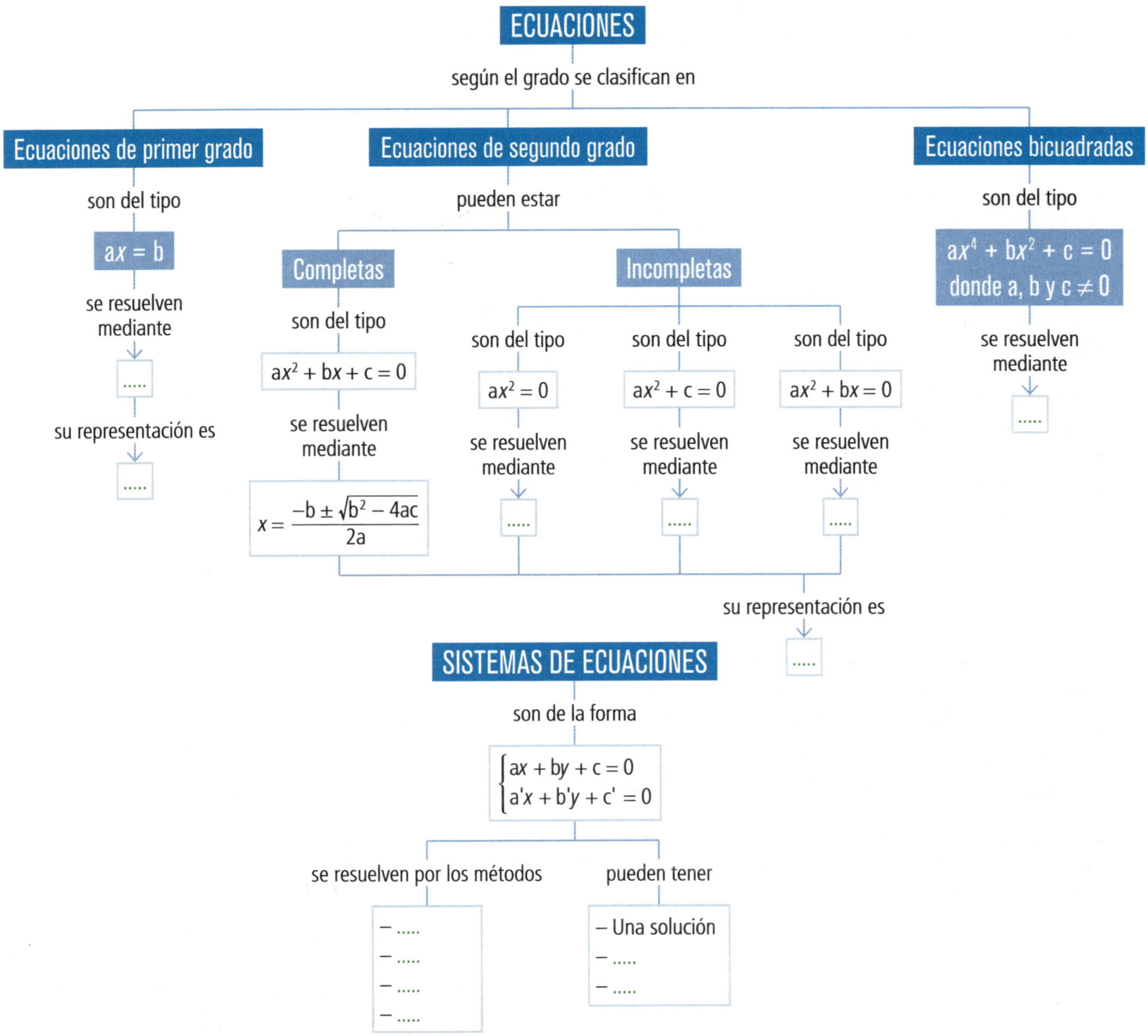

ACTIVIDADES

1 ¿Cuántas soluciones puede tener una ecuación de segundo grado completa? ¿De qué depende?

2 ¿Cómo se resuelve una ecuación de segundo grado sin término independiente?

3 ¿Puede un sistema de ecuaciones lineales tener dos soluciones? Razona tu respuesta.

4 ¿Cómo son los coeficientes de un sistema de ecuaciones con infinitas soluciones? ¿Y si no tiene solución?

5 ¿Es (0 , 0) solución de un sistema que tenga los dos términos independientes iguales a 0? Justifica tu respuesta.

6 Realiza una presentación a tus compañeros. Puedes hacer un documento PowerPoint, usar Glogter…

REPASO FINAL

ECUACIONES. SOLUCIONES Y ECUACIONES EQUIVALENTES

1 Comprueba si $x = 3$ es solución de alguna de las siguientes ecuaciones:

a. $2 \cdot (5 - x) = 3 \cdot (1 - 4x)$

b. $x^2 - 2x + 6 = 3x \cdot (x - 2)$

c. $(x - 1) \cdot (x^3 - 22) = 10$

d. $\frac{3x}{2} - 5 = 4x - \frac{4x - 3}{3}$

RESOLUCIÓN DE ECUACIONES DE PRIMER GRADO CON UNA INCÓGNITA

2 Resuelve las ecuaciones propuestas y comprueba tus soluciones con Wiris.

a. $2 \cdot (5x - 1) - 3 \cdot (x + 1) = 2x + 5 - 4x$

b. $-4 \cdot (x - 6) + 7x - 2 = 8 - 3x + 11$

c. $x + 2 \cdot (4x - 3) = -(2 + x) + 10x$

d. $5 \cdot (2 + 2x) = -3 \cdot (2x + 1 - 5x) - 3x + 7$

e. $-3 \cdot (-2 - 5x) - 4 \cdot (x + 6) - (11x - 2) = 0$

f. $2 \cdot (-4x + 3 - x - x) = -5 \cdot (x + 1) + 3$

3 Resuelve las siguientes ecuaciones:

a. $4 - \frac{2x}{5} - \frac{3}{10} = -x + 1$

b. $\frac{5}{2} - \frac{7x}{6} + \frac{3x}{4} = \frac{9}{8} - \frac{4x}{3}$

c. $x - 3 + 2x = \frac{-5x}{4} - \frac{7}{12}$

d. $\frac{3}{2} - \frac{x + 4}{15} = -x - \frac{2x - 1}{12}$

e. $1 + \frac{-x - 6}{12} = 3 - \frac{4 - 5x}{28}$

f. $\frac{-2x + 3}{21} + \frac{x}{7} = \frac{3x + 2}{14}$

4 Encuentra la solución de las siguientes ecuaciones:

a. $\frac{4 \cdot (-x + 3)}{5} = \frac{2 \cdot (1 - 4x)}{4}$

b. $\frac{3 \cdot (5x - 7)}{12} - 4 = \frac{2 \cdot (2x - 3)}{3} - \frac{4}{9}$

c. $\frac{3x}{10} + \frac{2 \cdot (3 + x)}{15} = \frac{3}{20}$

d. $\frac{-7x + 1}{6} + \frac{5 \cdot (-3 + x)}{8} = 0$

e. $\frac{-5x + 3}{12} + \frac{3 \cdot (2 + x)}{8} = -4$

f. $\frac{x}{4} - 3 \cdot (2x - 1) = \frac{5 \cdot (7 - x)}{6}$

ACTIVIDAD RESUELTA

5 Resuelve la ecuación siguiente:

$$2 \cdot \left(\frac{3x}{5} - \frac{4}{3}\right) = 1 - 5 \cdot \left(2x + \frac{x}{3}\right)$$

[1] Se eliminan los paréntesis:

$$\frac{6x}{5} - \frac{8}{3} = 1 - 10x - \frac{5x}{3}$$

[2] Se suprimen los denominadores y se resuelve la ecuación:

$$\frac{3 \cdot 6x}{15} - \frac{5 \cdot 8}{15} = \frac{15 \cdot 1}{15} - \frac{15 \cdot 10x}{15} - \frac{5 \cdot 5x}{15}$$

$$18x - 40 = 15 - 150x - 25x \Rightarrow$$

$$\Rightarrow 18x + 150x + 25x = 15 + 40$$

$$193x = 55 \Rightarrow x = \frac{55}{193}$$

6 Resuelve las ecuaciones y comprueba tus soluciones con Wiris.

a. $1 - 2 \cdot \left(\frac{3}{5} - x\right) = 3 \cdot \left(\frac{2x}{3} + \frac{4}{9}\right)$

b. $3 \cdot \left(x - \frac{5}{4}\right) - 2x = \frac{7 \cdot (x - 3)}{6}$

c. $-\left(\frac{3x}{7} - \frac{5}{2}\right) = x + 3 \cdot \left(2 + \frac{4x}{7}\right)$

d. $8x - 2 = -4 \cdot \left(\frac{x}{2} - 5\right)$

e. $\frac{2x - 1}{6} = \frac{x}{6} - \frac{1}{3} \cdot \left(\frac{2}{5} - \frac{x}{3}\right)$

f. $3 \cdot \left(\frac{2x - 1}{3} - \frac{1 - 2x}{2}\right) = \frac{2 - x}{3} - 1 + x$

RESOLUCIÓN DE ECUACIONES DE SEGUNDO GRADO CON UNA INCÓGNITA

7 Comprueba si las ecuaciones de segundo grado $3x^2 - 16x + 5 = 0$ y $2 \cdot (x^2 - 5x) = 3 \cdot (x - 1) - 2 \cdot (x + 1)$ son equivalentes.

8 Resuelve las siguientes ecuaciones de segundo grado incompletas:

a. $x^2 - 81 = 0$

b. $2x^2 + 7x = 0$

c. $x^2 - 10 = 0$

d. $3x^2 + 27 = 0$

e. $-18 = -2x^2$

f. $-x^2 = -x$

9 Halla las soluciones de las siguientes ecuaciones:

a. $x^2 + x + 1 = 0$
b. $4x^2 + 11x - 3 = 0$
c. $16x^2 + 8x + 1 = 0$
d. $x^2 - 3x - 10 = 0$
e. $(3x + 1) \cdot (4x - 2) = 0$
f. $x^2 - 10x = -9$
g. $x^2 + 12x = -36$
h. $2x^2 - 8x + 5 = -6x^2$

10 Determina el número de soluciones de estas ecuaciones sin resolverlas:

a. $x^2 - 2x + 1 = 0$
b. $5x^2 + 7x + 1 = 0$
c. $x^2 - 2x + 7 = 0$
d. $-6x^2 + x + 4 = 0$
e. $25x^2 - 30x + 9 = 0$
f. $-3x^2 + 2x - 7 = 0$

11 ⊕ Resuelve las ecuaciones siguientes de segundo grado:

a. $2x \cdot (x + 5) = -x \cdot (3x - 1) - 4$
b. $2x \cdot (3x - 4) = -1 + (1 - 3x) \cdot (x + 1)$
c. $(3x + 2)^2 = 6(x + 1) - 3$
d. $(x + 2)^2 - (x - 1)^2 - (x + 3)^2 = 0$
e. $2 \cdot \left(4x - \dfrac{2x^2 - 1}{3}\right) = 8x$
f. $3x^2 + x + 2 = \dfrac{6x + 5x^2}{2}$
g. $\dfrac{x \cdot (x - 4)}{3} + \dfrac{2x^2}{5} = 1 - \dfrac{x + 3}{2}$

12 ⊕ Halla el valor de m y n, sabiendo que $x = 5$ y $x = -3$ son solución de la ecuación $x^2 + mx + n = 0$.

13 ⊕ Determina los valores de m para que la ecuación $4x^2 + mx + 9 = 0$ tenga una única solución.

ECUACIONES BICUADRADAS

14 ⊕ Resuelve las siguientes ecuaciones bicuadradas:

a. $x^4 + 5x^2 + 4 = 0$
b. $2x^4 + x^2 + 3 = 0$
c. $x^4 - 4x^2 - 5 = 0$
d. $16x^4 - 40x^2 + 9 = 0$
e. $x^4 + 13x^2 + 36 = 0$
f. $x^4 - 8x^2 + 7 = 0$

15 ⊕ Encuentra las soluciones de las siguientes ecuaciones bicuadradas incompletas:

a. $x^4 - 81 = 0$
b. $x^4 - 16x^2 = 0$
c. $-2x^4 - 8 = 0$
d. $5x^4 = 20x^2$
e. $1 = x^4$
f. $-6x^4 + 4 = 0$

16 ⊕⊕ Resuelve estas ecuaciones:

a. $(x^2 + 4) \cdot (x^2 - 2) = 0$

b. $(x^2 - 16) \cdot (4x^2 + 16) = 0$

c. $\dfrac{3x^2 \cdot (x^2 - 1)}{2} + 2 = x^2 \cdot (x^2 + 1)$

ACTIVIDAD RESUELTA

17 Resuelve la ecuación $x^6 - 7x^3 - 8 = 0$.

Se realiza el cambio $x^3 = t$; de este modo, $x^6 = (x^3)^2 = t^2$, con lo que se obtiene la ecuación:

$$t^2 - 7t - 8 = 0$$

Se resuelve la ecuación de segundo grado:

$$t = \frac{7 \pm \sqrt{7^2 - 4 \cdot 1 \cdot (-8)}}{2 \cdot 1} = \frac{7 \pm \sqrt{49 + 32}}{2} =$$

$$= \frac{7 \pm \sqrt{81}}{2} = \frac{7 \pm 9}{2} \Rightarrow \begin{cases} t_1 = \dfrac{7 + 9}{2} = 8 \\ t_2 = \dfrac{7 - 9}{2} = -1 \end{cases}$$

Se deshace el cambio del principio:

$$x^3 = t \Rightarrow \begin{cases} x^3 = 8 \Rightarrow x = \sqrt[3]{8} = 2 \\ x^3 = -1 \Rightarrow x = \sqrt[3]{-1} = -1 \end{cases}$$

18 ⊕⊕ Resuelve las ecuaciones.

a. $x^6 - 9x^3 + 8 = 0$
b. $x^8 - 15x^4 - 16 = 0$

RESOLUCIÓN DE PROBLEMAS MEDIANTE ECUACIONES

19 Dos hermanos tienen 7 y 18 años, respectivamente. ¿Cuántos años han de transcurrir para que la edad del pequeño sea la mitad que la del mayor?

20 Tres amigos, Ana, Juan y Andrés, reparten propaganda durante el verano. En un día, Ana distribuye 5 paquetes de propaganda; Juan, 6 paquetes, y Andrés, 3 paquetes. Si les han pagado 280 € en total, ¿cuánto dinero ha recibido cada uno de los amigos?

21 Tres hermanos ponen dinero para hacer un regalo a su madre. El mediano aporta 20 € más que el pequeño, y el mayor, el triple que el mediano. Si entre los tres han reunido 120 €, ¿con cuánto dinero ha contribuido cada uno?

REPASO FINAL

ACTIVIDAD RESUELTA

22 Un comerciante tiene dos clases de azúcar, uno a 1,20 €/kg y el otro a 1,40 €/kg. ¿Cuántos kilos hay que mezclar de cada clase de azúcar para obtener 8 kg de mezcla a 1,25 €/kg?

	1.ª clase	2.ª clase	Mezcla
N.º de kilos	x	$8 - x$	8
Precio	1,20	1,40	1,25

$$1{,}20x + 1{,}40 \cdot (8 - x) = 1{,}25 \cdot 8$$

$$1{,}20x + 11{,}20 - 1{,}40x = 10 \Rightarrow 1{,}20x - 1{,}40x = 10 - 11{,}20$$

$$-0{,}20x = -1{,}20 \Rightarrow x = \frac{-1{,}20}{-0{,}20} = 6$$

Hay que mezclar 6 kg de la primera clase de azúcar y 2 kg de la segunda.

23 ⊕ En clase de Química, Ruth ha hecho una mezcla de 25 L con dos tipos distintos de sustancias, A y B. El litro de mezcla ha salido a 0,36 €. Si el precio del litro de la sustancia A es de 0,30 €, y el de la sustancia B, de 0,40 €, ¿cuántos litros de cada una ha puesto Ruth en la mezcla?

ACTIVIDAD RESUELTA

24 Un coche parte de la ciudad A a las 9 de la mañana en dirección a la ciudad B a 90 km/h. Al mismo tiempo, otro coche sale de B en dirección a la ciudad A a 120 km/h. Si las ciudades están a una distancia de 420 km, ¿cuánto tiempo tardan en cruzarse los vehículos? ¿A qué hora se encuentran?

Hay que utilizar la fórmula de la velocidad: $v = \frac{e}{t}$, donde e es la distancia recorrida, y t, el tiempo. Despejando el espacio: $e = v \cdot t$.

Si t es el tiempo que tardan en cruzarse, el coche que sale de A recorrerá una distancia de $90t$, y el que sale de B, una distancia de $120t$.

Luego, en el punto de encuentro se cumple que:

$$90t + 120t = 420$$

$$210t = 420 \Rightarrow t = \frac{420}{210} = 2$$

Los dos coches circulan durante 2 horas hasta que se cruzan en la carretera y lo hacen a las 11 de la mañana.

25 ⊕ Dos ciudades, A y B, están a 510 km de distancia una de otra. A las 5 de la tarde sale una moto desde A en dirección a B a una velocidad de 100 km/h. A la misma hora sale de B hacia A otra moto a 70 km/h. ¿A qué hora y a qué distancia de ambas ciudades se encuentran?

26 ⊕⊕ El espacio recorrido por un móvil viene determinado por la expresión $e = v_0\, t + \frac{1}{2}at^2$, donde v_0 es la velocidad inicial del móvil; t, el tiempo que está en movimiento, y a, la aceleración.

a. Si un móvil parte a una velocidad de 30 m/s con una aceleración de 4 m/s^2, ¿cuánto tiempo tardará en recorrer 200 m?

b. Si parte a una velocidad nula, ¿cuánto tardará en recorrer la misma distancia?

27 ⊕ ¿Cuántos centímetros hay que sumar a la base y a la altura de un rectángulo de 7 cm de base y 3 cm de altura para que el área del nuevo rectángulo sea de 96 cm^2?

28 ⊕ Marta tiene que leer un libro para la clase de Lengua. La primera semana leyó las $\frac{2}{7}$ partes del libro; la segunda semana, las $\frac{2}{5}$ partes de lo que le quedaba por leer, y la tercera semana, las 60 páginas restantes. ¿Cuántas páginas tiene el libro? ¿Cuántas páginas leyó las dos primeras semanas?

SISTEMAS DE DOS ECUACIONES LINEALES CON DOS INCÓGNITAS. REPRESENTACIÓN E INTERPRETACIÓN GRÁFICA DE LAS SOLUCIONES

29 Escribe un sistema que tenga como solución $(x, y) = (2, -4)$.

30 Halla el valor de a y b para que el siguiente sistema tenga como solución $x = 1$ e $y = -2$: $\begin{cases} 3x + ay = 5 \\ 4x - y = b \end{cases}$.

31 Resuelve gráficamente los sistemas propuestos y clasifícalos según su número de soluciones. Comprueba tus soluciones con Wiris.

a. $\begin{cases} 2x + y = 5 \\ 3x + y = 6 \end{cases}$

b. $\begin{cases} 3x + y = 2 \\ 6x + 2y = 9 \end{cases}$

c. $\begin{cases} x + 2y = 4 \\ 2x - y = 8 \end{cases}$

d. $\begin{cases} 2x - 3y = -1 \\ -4x + 6y = 2 \end{cases}$

RESOLUCIÓN DE SISTEMAS DE DOS ECUACIONES LINEALES CON DOS INCÓGNITAS

32 ⊕ Halla los valores de *a* y *b* para que el primer sistema sea incompatible, y el segundo, compatible indeterminado.

a. $\begin{cases} 4x + 3y = b \\ ax + 9y = -6 \end{cases}$ b. $\begin{cases} 2x + y = 3 \\ -8x + ay = -b \end{cases}$

33 Resuelve los siguientes sistemas de ecuaciones por el método de sustitución:

a. $\begin{cases} 4x + 3y = -7 \\ -6x + 7y = -1 \end{cases}$ b. $\begin{cases} \frac{x}{2} + \frac{y}{4} = 3 \\ x + 2y = 12 \end{cases}$

34 Resuelve los siguientes sistemas de ecuaciones por el método de igualación:

a. $\begin{cases} 4x - 6y = 7 \\ 2x - 3y = 5 \end{cases}$ b. $\begin{cases} 2 \cdot (3y - x) + 1 = 5 - 2y \\ 5 \cdot (y + x) + y = 2 \cdot (y + 1) \end{cases}$

35 Resuelve los siguientes sistemas de ecuaciones por el método de reducción:

a. $\begin{cases} 5x - 2y = 10 \\ 3x + 3y = 6 \end{cases}$ b. $\begin{cases} x - 1 = \frac{2x - y}{5} \\ 3x - \frac{2x - y}{5} = 5 \end{cases}$

36 ⊕ Elige el método más adecuado para resolver los siguientes sistemas de ecuaciones:

a. $\begin{cases} 4x + 3 \cdot (y - 1) = 5 \\ 2x - 7 = 3 \cdot (y - 1) \end{cases}$ c. $\begin{cases} 2 \cdot (5x - 3) + 2y = 0 \\ -3 \cdot (x - y) = -(x + 8) \end{cases}$

b. $\begin{cases} 2x + \frac{y}{4} = \frac{5}{3} \\ 8 \cdot (x - 1) + 1 = \frac{5 \cdot (2y - 4)}{3} \end{cases}$ d. $\begin{cases} \frac{x}{5} - \frac{y}{2} = 0 \\ -x + \frac{3y}{4} = -\frac{7}{2} \end{cases}$

RESOLUCIÓN DE PROBLEMAS MEDIANTE SISTEMAS DE ECUACIONES

37 ⊕ Alberto ha pagado 3,90 € por 1 kg de lentejas y 2 kg de judías. En la misma tienda, Elisa ha pagado 6,90 € por 3 kg de lentejas y 2 kg de judías. ¿A cuánto está el kilo de cada una de estas legumbres?

38 ⊕ En un hotel hay 204 habitaciones entre dobles e individuales. Si el total de camas es de 324, ¿cuántas habitaciones hay de cada tipo?

EVALUACIÓN

1 La ecuación $3 \cdot (2x - 4) + 5 = -6 - (1 - x)$ tiene por solución:

a. 5 b. 0 c. −5 d. 7

2 La ecuación $\frac{2 \cdot (3x + 7)}{3} - 1 = \frac{4x + 5}{2}$:

a. No tiene solución. c. Tiene dos soluciones.

b. Tiene una solución. d. Tiene infinitas soluciones.

3 La ecuación $2x^2 - 5x - 3 = 0$ tiene por soluciones:

a. $x = 1, x = \frac{1}{3}$ c. $x = -\frac{1}{2}, x = 3$

b. $x = 1, x = 3$ d. $x = -\frac{1}{2}, x = \frac{1}{3}$

4 Indica la respuesta correcta en relación con la ecuación $2x^2 - 4x + 7 = 0$.

a. No tiene solución. c. Tiene dos soluciones.

b. Tiene una solución. d. Tiene infinitas soluciones.

5 Las soluciones de la ecuación $x^4 + 5x^2 - 36 = 0$ son:

a. $x = 2, x = -2, x = 3, x = -3$ c. $x = 2, x = -2$

b. $x = 1, x = -1, x = 6, x = -6$ d. $x = 3, x = -3$

6 El sistema $\begin{cases} -2x + 3y = -5 \\ 6x - 9y = 15 \end{cases}$ es…

a. Incompatible. c. Compatible indeterminado.

b. Compatible determinado. d. Ninguna de las anteriores.

7 El sistema $\begin{cases} 2x - 5y = 7 \\ -3x + 2y = -5 \end{cases}$ tiene por solución:

a. (1 , 1) b. (2 , −1) c. (1 , 2) d. (1 , −1)

8 Eduardo tiene el triple de años que Natalia, y Natalia, 7 años más que Sandra. Si entre los tres tienen 53 años, ¿cuál es la edad de cada uno?

a. Eduardo: 36; Natalia: 12; Sandra: 5

b. Eduardo: 12; Natalia: 36; Sandra: 5

c. Eduardo: 5; Natalia: 12; Sandra: 36

d. Eduardo: 15; Natalia: 12; Sandra: 5

DIARIO DE APRENDIZAJE

¿Cuáles de las dificultades que preveía al principio de la unidad he encontrado realmente?

Flippeando las identidades notables

TRABAJO COOPERATIVO

EN CASA

A continuación, presentamos un vídeo que tendréis que trabajar en casa, como preparación a las tareas que realizaremos conjuntamente en clase. Es preciso que les dediquéis tiempo y que tratéis de interiorizar todo lo que se explica.

1 Visualización del vídeo

Busca en YouTube el vídeo *Identidades notables,* de Javier Peña Hernando, que explica las más importantes y más utilizadas, acompañadas de ejemplos para que veáis cómo se aplican.

2 Actividad *Edpuzzle*

Vuelve a ver el vídeo, pero en esta ocasión, de forma activa, esto es, pendiente de las preguntas que irán surgiendo a medida que vaya avanzando el vídeo. El profesor te dará la dirección de la aplicación y te proporcionará el código para que entres en su clase. ¡Estate muy atento!

3 Triángulo de Tartaglia

Busca en Internet lo que es el triángulo de Tartaglia, además de aprender a construirlo. Asimismo, busca información sobre Tartaglia y su contribución a las matemáticas.

EN CLASE

Las sesiones de clase están orientadas a practicar los contenidos que has ido aprendiendo con tu trabajo en casa.

1 Resolvemos dudas del tema

Primero resolver las dudas que os hayan surgido al ver el vídeo, en parejas o en grupos y, después, consultaréis al profesor aquello que no hayáis podido aclarar entre vosotros.

2 Actividad *Flipquiz*

En grupos, de forma cooperativa, realizaréis una actividad diseñada con *Flipquiz,* que vuestro profesor os proyectará en la pizarra digital.

3 Actividad *Socrative*

Resolveréis en grupo una actividad diseñada con *Socrative* en la que, a través de vuestros teléfonos móviles, tabletas u ordenadores, podréis contestar a una serie de preguntas.

4 Triángulo de Tartaglia

En grupos de trabajo prepararéis la presentación sobre el triángulo de Tartaglia y, con ayuda del profesor, formaréis identidades notables de cualquier grado y signo. Por último, también en grupo, debéis elaborar un documento, que compartiréis a través de Google Drive, con información recopilada por cada uno de vosotros, sobre Tartaglia y su contribución a las matemáticas.

PBL. El cerebro humano

TRABAJO COOPERATIVO

A continuación te presentamos el enunciado de un problema que plantea una situación que debéis resolver en grupo. Después de leerlo, se os indicará con qué recursos contáis para la realización del proyecto y cómo debéis presentar el producto final.

El Ministerio de Sanidad, Servicios Sociales e Igualdad está elaborando un programa de prevención del consumo de alcohol entre los jóvenes. Tiene la intención de ofrecer a este sector de la población un mayor conocimiento de su cerebro para concienciar de la necesidad de cuidarlo. Para ello, nos ha encargado un informe, lo más detallado posible, que contenga al menos los siguientes datos:

- Número aproximado de neuronas del cerebro humano y su proporción respecto al número total de células del individuo.
- Tamaño de la neurona y longitud total, en kilómetros, que ocuparían todas ellas si estuvieran alineadas, relacionando este dato con la distancia desde una ciudad española a otro punto geográfico.
- Número aproximado de neuronas que tendría el cerebro al cabo de un año, teniendo en cuenta el ritmo normal de muerte y regeneración neuronal, y comparativa con el número de neuronas cerebrales al cabo del mismo tiempo en una persona que consume alcohol en exceso durante los fines de semana.

Toda esta información permitirá a la población juvenil conocer mejor su cerebro así como hacer un juicio crítico sobre los perjuicios que sobre él recaen por un consumo frecuente de alcohol.

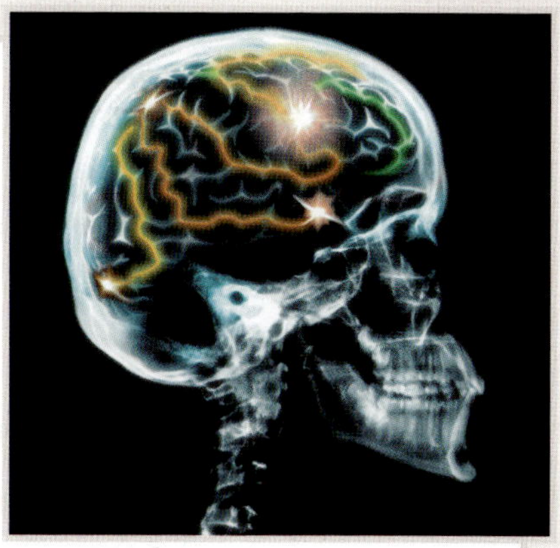

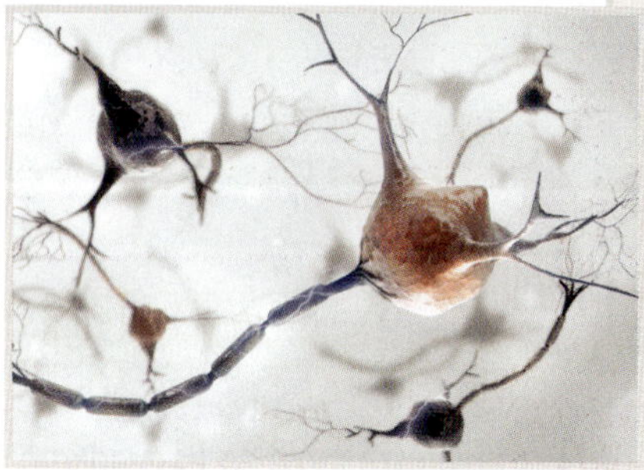

Evalúa tu **talento emprendedor**

Te proponemos que realices esta autoevaluación teniendo en cuenta el trabajo que has realizado en el desarrollo de alguna de las propuestas de esta sección o de alguna otra propuesta de trabajo realizada a lo largo de este trimestre.

Copia en tu cuaderno la valoración en la que te sitúas para cada uno de los ítems propuestos y justifica tu respuesta.

AUTOEVALUACIÓN

	NIVEL MAESTRO	NIVEL AVANZADO	NIVEL APRENDIZ	NIVEL INICIAL
1. Te gusta participar en actividades colectivas o de equipo para inventar, proponer ideas o crear productos diversos.	He disfrutado participando en todas las actividades colectivas de equipo inventando, proponiendo ideas o creando productos diversos.	He disfrutado participando en algunas actividades colectivas de equipo inventando, proponiendo ideas o creando productos diversos.	En general me cuesta participar en actividades colectivas de equipo inventando, proponiendo ideas o creando productos diversos.	Prefiero trabajar de modo individual a participar en actividades colectivas de equipo inventando, proponiendo ideas o creando productos diversos.

Las siguientes actividades proceden de preguntas liberadas de distintas convocatorias de pruebas PISA, o bien son estímulos semejantes a los empleados en dichas pruebas. Emplea todos tus conocimientos y todas tus habilidades para resolverlas.

MANZANOS

Un agricultor planta manzanos en un terreno cuadrado. Con objeto de proteger los manzanos del viento planta coníferas alrededor de la totalidad del huerto.

Aquí ves un esquema de esta situación donde se puede apreciar la colocación de los manzanos y de las coníferas para cualquier número (n) de filas de manzanos:

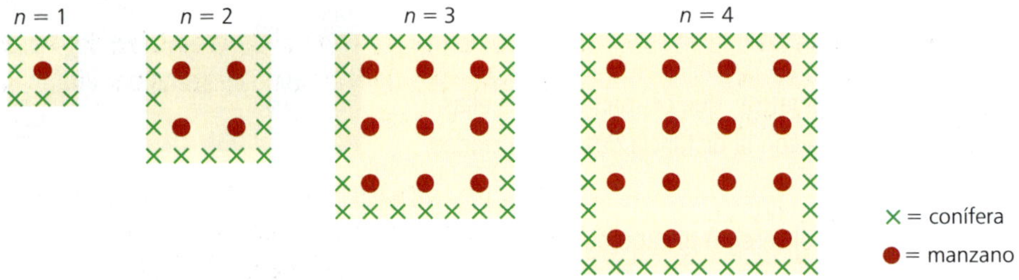

PREGUNTAS

1 Copia esta tabla en tu cuaderno y complétala:

n =	Número de manzanos	Número de coníferas
1	1	8
2	4	
3		
4		
5		

2 En el planteamiento descrito anteriormente, se pueden utilizar dos fórmulas para calcular el número de manzanos y el de coníferas:

Número de manzanos = n^2, Número de coníferas = $8n$, donde *n* es el número de filas de manzanos.

Existe un valor de *n* para el cual el número de manzanos coincide con el de coníferas. Halla ese valor de *n* y muestra el método que has usado para calcularlo.

3 Supongamos que el agricultor quiere plantar un huerto mucho mayor, con muchas filas de árboles. A medida que el agricultor vaya aumentando el tamaño del huerto, ¿qué se incrementará más rápidamente: el número de manzanos o el de coníferas? Explica cómo has hallado la respuesta.

SUBIDA AL MONTE FUJI

El Monte Fuji es un famoso volcán inactivo de Japón.

PREGUNTAS

1 La subida al Monte Fuji sólo está abierta al público desde el 1 de julio hasta el 27 de agosto de cada año. Alrededor de unas 200 000 personas suben al Monte Fuji durante este periodo de tiempo.

Como media, ¿alrededor de cuántas personas suben al Monte Fuji cada día?

a. 340 b. 710 c. 3 400 d. 7 100 e. 7 400

2 La ruta de Gotemba, que lleva a la cima del Monte Fuji, tiene unos 9 kilómetros (km) de longitud. Los senderistas tienen que estar de vuelta de la caminata de 18 km a las 20:00 h. Toshi calcula que puede ascender la montaña caminando a 1,5 kilómetros por hora, como media, y descenderla al doble de velocidad. Estas velocidades tienen en cuenta las paradas para comer y descansar.

Según las velocidades estimadas de Toshi, ¿a qué hora puede, como muy tarde, iniciar su caminata de modo que pueda estar de vuelta a las 20:00 h?

3 Toshi llevó un podómetro para contar los pasos durante su recorrido por la ruta de Gotemba. El podómetro mostró que dio 22 500 pasos en la ascensión. Calcula la longitud media del paso de Toshi en sus ascensión de 9 km por la ruta de Gotemba. Expresa tu respuesta en centímetros (cm).

ALQUILER DE DVD

Jimena trabaja en una tienda que alquila DVD y juegos de ordenador. En dicha tienda, la cuota anual de socio es de 10 zeds.

El precio de alquiler de los DVD para los socios es inferior al precio para los no socios, tal y como se muestra en la siguiente tabla:

Precio de alquiler de un DVD para los no socios	**Precio de alquiler de un DVD para los socios**
3,20 zeds	2,50 zeds

PREGUNTAS

1 El año pasado, Tomás era socio de la tienda de alquiler de DVD. Gastó un total de 52,50 zeds, incluida la cuota de socio. ¿Cuánto habría gastado Tomás si no hubiese sido socio y hubiese alquilado el mismo número de DVD?

2 ¿Cuál es el número mínimo de DVD que tiene que alquilar un socio para cubrir el coste de su cuota? Escribe tus cálculos.

somos # link